国家出版基金资助项目

现代数学中的著名定理纵横谈丛书

丛书主编　王梓坤

FIBONACCI NUMBERS AND HILBERT′S TENTH PROBLEM

Fibonacci数与Hilbert第十问题

孙智伟　著

哈爾濱工業大學出版社

HARBIN INSTITUTE OF TECHNOLOGY PRESS

内 容 简 介

Fibonacci 数以及更一般的 Lucas 序列在数学中有着基本的重要性,著名的 Hilbert 第十问题要求找到一个算法来判定任一个整系数多项式方程是否有整数解.本书系统介绍了 Fibonacci 数与更一般的 Lucas 序列丰富的数论性质,以及它们的 Diophantus 表示;并以此为基础利用可计算性理论介绍了 Hilbert 第十问题的否定解决,以及作者建立的 11 未知数定理.本书共有六章,内容上尽量自给自足.

数论、逻辑、理论计算机领域的教师或者研究生可通过阅读本书,全面学习了解关于 Fibonacci 数、Lucas 序列以及 Hilbert 第十问题方面的系统知识,为进入相关领域的科研做好理论上的准备.大学生甚至高中生也可从本书中受益,提高对数学的兴趣.

图书在版编目(CIP)数据

Fibonacci 数与 Hilbert 第十问题/孙智伟著. —哈尔滨:哈尔滨工业大学出版社,2024.1
(现代数学中的著名定理纵横谈丛书)
ISBN 978 - 7 - 5767 - 0511 - 9

Ⅰ.①F… Ⅱ.①孙… Ⅲ.①Fibonacci 数 ②希尔伯特问题 Ⅳ.①O156 ②O177.1

中国国家版本馆 CIP 数据核字(2023)第 012359 号

FIBONACCI SHU YU HILBERT DI-SHI WENTI

策划编辑　刘培杰　张永芹
责任编辑　张永芹　李　欣
封面设计　孙茵艾
出版发行　哈尔滨工业大学出版社
社　　址　哈尔滨市南岗区复华四道街 10 号　邮编 150006
传　　真　0451 - 86414749
网　　址　http://hitpress.hit.edu.cn
印　　刷　辽宁新华印务有限公司
开　　本　720 mm×1 020 mm　1/16　印张 9.75　字数 213 千字
版　　次　2024 年 1 月第 1 版　2024 年 1 月第 1 次印刷
书　　号　ISBN 978 - 7 - 5767 - 0511 - 9
定　　价　68.00 元

(如因印装质量问题影响阅读,我社负责调换)

读书的乐趣

你最喜爱什么——书籍.

你经常去哪里——书店.

你最大的乐趣是什么——读书.

这是友人提出的问题和我的回答.真的,我这一辈子算是和书籍,特别是好书结下了不解之缘.有人说,读书要费那么大的劲,又发不了财,读它做什么? 我却至今不悔,不仅不悔,反而情趣越来越浓.想当年,我也曾爱打球,也曾爱下棋,对操琴也有兴趣,还登台伴奏过.但后来却都一一断交,"终身不复鼓琴".那原因便是怕花费时间,玩物丧志,误了我的大事——求学.这当然过激了一些.剩下来唯有读书一事,自幼至今,无日少废,谓之书痴也可,谓之书橱也可,管它呢,人各有志,不可相强.我的一生大志,便是教书,而当教师,不多读书是不行的.

读好书是一种乐趣,一种情操;一种向全世界古往今来的伟人和名人求教的方法,一种和他们展开讨论的方式;一封出席各种活动、体验各种生活、结识各种人物的邀请信;一张迈进科学宫殿和未知世界的入场券;一股改造自己、丰富自己的强大力量.书籍是全人类有史以来共同创造的财富,是永不枯竭的智慧的源泉.失意时读书,可以使人重整旗鼓;得意时读书,可以使人头脑清醒;疑难时读书,可以得到解答或启示;年轻人读书,可明奋进之道;年老人读书,能知健神之理.浩浩乎! 洋洋乎! 如临大海,或波涛汹涌,或清风微拂,取之不尽,用之不竭.吾于读书,无疑义矣,三日不读,则头脑麻木,心摇摇无主.

潜能需要激发

我和书籍结缘,开始于一次非常偶然的机会.大概是八九岁吧,家里穷得揭不开锅,我每天从早到晚都要去田园里帮工.一天,偶然从旧木柜阴湿的角落里,找到一本蜡光纸的小书,自然很破了.屋内光线暗淡,又是黄昏时分,只好拿到大门外去看.封面已经脱落,扉页上写的是《薛仁贵征东》.管它呢,且往下看.第一回的标题已忘记,只是那首开卷诗不知为什么至今仍记忆犹新:

日出遥遥一点红,飘飘四海影无踪.

三岁孩童千两价,保主跨海去征东.

第一句指山东,二、三两句分别点出薛仁贵(雪、人贵).那时识字很少,半看半猜,居然引起了我极大的兴趣,同时也教我认识了许多生字.这是我有生以来独自看的第一本书.尝到甜头以后,我便千方百计去找书,向小朋友借,到亲友家找,居然断断续续看了《薛丁山征西》《彭公案》《二度梅》等,樊梨花便成了我心中的女英雄.我真入迷了.从此,放牛也罢,车水也罢,我总要带一本书,还练出了边走田间小路边读书的本领,读得津津有味,不知人间别有他事.

当我们安静下来回想往事时,往往会发现一些偶然的小事却影响了自己的一生.如果不是找到那本《薛仁贵征东》,我的好学心也许激发不起来.我这一生,也许会走另一条路.人的潜能,好比一座汽油库,星星之火,可以使它雷声隆隆、光照天地;但若少了这粒火星,它便会成为一潭死水,永归沉寂.

抄,总抄得起

好不容易上了中学,做完功课还有点时间,便常光顾图书馆.好书借了实在舍不得还,但买不到也买不起,便下决心动手抄书.抄,总抄得起.我抄过林语堂写的《高级英文法》,抄过英文的《英文典大全》,还抄过《孙子兵法》,这本书实在爱得狠了,竟一口气抄了两份.人们虽知抄书之苦,未知抄书之益,抄完毫末俱见,一览无余,胜读十遍.

始于精于一,返于精于博

关于康有为的教学法,他的弟子梁启超说:"康先生之教,专标专精、涉猎二条,无专精则不能成,无涉猎则不能通也."可见康有为强烈要求学生把专精和广博(即"涉猎")相结合.

在先后次序上,我认为要从精于一开始.首先应集中精力学好专业,并在专业的科研中做出成绩,然后逐步扩大领域,力求多方面的精.年轻时,我曾精读杜布(J. L. Doob)的《随机过程论》,哈尔莫斯(P. R. Halmos)的《测度论》等世界数学名著,使我终身受益.简言之,即"始于精于一,返于精于博".正如中国革命一样,必须先有一块根据地,站稳后再开创几块,最后连成一片.

丰富我文采,澡雪我精神

辛苦了一周,人相当疲劳了,每到星期六,我便到旧书店走走,这已成为生活中的一部分,多年如此.一次,偶然看到一套《纲鉴易知录》,编者之一便是选编《古文观止》的吴楚材.这部书提纲挈领地讲中国历史,上自盘古氏,直到明末,记事简明,文字古雅,又富于故事性,便把这部书从头到尾读了一遍.从此启发了我读史书的兴趣.

我爱读中国的古典小说,例如《三国演义》和《东周列国志》.我常对人说,这两部书简直是世界上政治阴谋诡计大全.即以近年来极时髦的人质问题(伊朗人质、劫机人质等),这些书中早就有了,秦始皇的父亲便是受害者,堪称"人质之父".

《庄子》超尘绝俗,不屑于名利.其中"秋水""解牛"诸篇,诚绝唱也.《论语》束身严谨,勇于面世,"己所不欲,勿施于人",有长者之风.司马迁的《报任少卿书》,读之我心两伤,既伤少卿,又伤司马;我不知道少卿是否收到这封信,希望有人做点研究.我也爱读鲁迅的杂文,果戈理、梅里美的小说.我非常敬重文天祥、秋瑾的人品,常记他们的诗句:"人生自古谁无死,留取丹心照汗青""休言女子非英物,夜夜龙泉壁上鸣".唐诗、宋词,《西厢记》《牡丹亭》,丰富我文采,澡雪我精神,其中精粹,实是人间神品.

读了邓拓的《燕山夜话》,既叹服其广博,也使我动了写《科学发现纵横谈》的心.不料这本小册子竟给我招来了上千封鼓励信.以后人们便写出了许许多多的"纵横谈".

从学生时代起,我就喜读方法论方面的论著.我想,做什么事情都要讲究方法,追求效率、效果和效益,方法好能事半而功倍.我很留心一些著名科学家、文学家写的心得体会和经验.我曾惊讶为什么巴尔扎克在 51 年短短的一生中能写出上百本书,并从他的传记中去寻找答案.文史哲和科学的海洋无边无际,先哲们的明智之光沐浴着人们的心灵,我衷心感谢他们的恩惠.

读书的另一面

以上我谈了读书的好处,现在要回过头来说说事情的另一面.

读书要选择.世上有各种各样的书:有的不值一看,有的只值看 20 分钟,有的可看 5 年,有的可保存一辈子,有的将永远不朽.即使是不朽的超级名著,由于我们的精力与时间有限,也必须加以选择.决不要看坏书,对一般书,要学会速读.

　　读书要多思考.应该想想,作者说得对吗？完全吗？适合今天的情况吗？从书本中迅速获得效果的好办法是有的放矢地读书,带着问题去读,或偏重某一方面去读.这时我们的思维处于主动寻找的地位,就像猎人追找猎物一样主动,很快就能找到答案,或者发现书中的问题.

　　有的书浏览即止,有的要读出声来,有的要心头记住,有的要笔头记录.对重要的专业书或名著,要勤做笔记,"不动笔墨不读书".动脑加动手,手脑并用,既可加深理解,又可避忘备查,特别是自己的灵感,更要及时抓住.清代章学诚在《文史通义》中说："札记之功必不可少,如不札记,则无穷妙绪如雨珠落大海矣."许多大事业、大作品,都是长期积累和短期突击相结合的产物.涓涓不息,将成江河；无此涓涓,何来江河？

　　爱好读书是许多伟人的共同特性,不仅学者专家如此,一些大政治家、大军事家也如此.曹操、康熙、拿破仑、毛泽东都是手不释卷,嗜书如命的人.他们的巨大成就与毕生刻苦自学密切相关.

王梓坤

前　　言

1983年我考入了南京大学, 在数学系数理逻辑专业学习. 1985年我学习了递归论课程, 1986年开始接触了解Hilber第十问题(关于一般多项式 Diophantus方程可解性的判定). 由于 Hilbert 第十问题的解答涉及Fibonacci数与更一般的Lucas序列的许多性质, 1987年我又系统探索总结Lucas序列的各种性质.

1987年9月, 我免试成为数理逻辑专业的硕士生; 1989年9月, 我又硕博连读转成基础数学专业的博士生, 导师为著名的数理逻辑专家莫绍揆教授. 有一次, 我到导师莫先生家里, 表示我对 Hilbert 第十问题感兴趣. Hilbert 第十问题已于1970年被苏联数学家Y. Matiyasevich在美国三位数学家M. Davis, H. Putnam与J. Robinson于1961年发表的著名论文基础上最终否定解决, 但还有许多进一步的问题有待研究. 记得当时我对莫先生及在场的丁德成老师说, 我要找尽可能小的正整数n使得没有算法可判定一般的有n个未知数的整系数多项式方程是否有整数解. 1992年, 我完成博士论文《有关Hilbert 第十问题的进一步结果》, 全文有138页, 均靠自己工整书写. 此学位论文的主要结果便是我获得的11未知数定理: 不存在算法可判定任给的有11个未知数的整系数多项式方程是否有整数解, 此前董世平(Tung Shih-Ping)用了27个整变元. 我把证明11未知数定理的奠基部分发表于1991年的《中国科学: A辑》上, 并在该文中宣布了11未知数定理.

1992年7月, 我留在南京大学数学系当教师. 经过一阵犹豫后, 1994年, 我正式决定由研究数理逻辑转做数论, 莫先生开明地同意我的这一决定并表示他也喜欢数论. 导致我大学时就迷上数论的有两本书: 一本是傅钟鹏写的科普书《数学英雄欧拉》, 里面介绍了Euler(欧拉)的许多数论工作; 另一本是R. K. Guy的*Unsolved Problems in Number Theory*. 工作后转向数论还有一个因素就是11未知数定理的证明太过艰难与复杂, 令我心生恐惧. 因嫌证明太麻烦, 工作后我迟迟没有把我的11未知数定理证明整理成英文论文. 1991年, 加拿大的J. P. Jones教授访问南京大学, 他得悉我证明了11 未知数定理, 此后他在数学评论中提及我的这一未发表结果. Hilbert 第十问题的最终解决者Matiyasevich院士从Jones那里知道了我的这个结论. 11未知数定理的证明虽未发表, 但此结果多次被研究判定问题的专家们引用, 特别地, 还被人用于研究动力几何. 从1992年到2016年这25 年间多次有专家想看我对11未知数定理的证明. 2017年, Hilbert 第十问题最终解决者Matiyasevich院士来中国科学院参加丝路数学中心揭牌仪式, 来之前他请中国科学院陈绍示老师务必弄到我对11未知数定理的证明（即便是中文他可找人翻译）. 接到陈绍示老师的邮件后, 我终于下定决心, 用了一周的时间把尘封25 年之久的11未知数定理的证明整理成英文论文, 上传到著名的预印本服务器arXiv上. 该文于2021年发表在*SCIENCE CHINA Mathematics*上.

大约在2016年, 哈尔滨工业大学出版社希望我写一本名为《Fibonacci 数与Hilbert 第十问题》的书, 但我实在太忙, 而且觉得写书太花时间. 去年9月我改变主意, 与哈尔滨工业大学出版社签了出版此书的合同, 因为我觉得将我的博士论文的主要内容整理成书有益于对此领域感兴趣的年轻学者. 写书过程中我又温习了我做学生时的递归论笔记本与自己的博士论文, 再次被可计算性理论的优美所折服, 对奠定可计算性理论的先驱Skolem, Ackermann, Kleene, Gödel, Turing, Church 深感敬佩, 也认识到通往 Hilbert 第十问题的解决之路几乎每一步都艰辛不容易, 敬佩 Davis, Putnam, Robinson 与 Matiyasevich 在 Hilbert 第十问题上的原创性工作.

本书尽量自给自足, 但需要一些初等数论的基础知识(如中国剩余定理), 读者可参看我写的书《基础数论入门》(哈尔滨工业大学出版社, 2014). 希望本书能引导读者进入 Hilbert 第十问题这一波澜壮阔且充满魅力的研究领域.

今年正好是我博士毕业30周年. 写作此书, 我又怀念起已于十年前去世的导师莫绍揆教授. 感谢莫先生当年的谆谆教诲与学术上的开明, 也感谢传授过我递归论知识的丁德成教授与现在海外的郑锡忠老师.

本书初稿出来后, 南京大学喻良教授对第三章提出了有益的建议. 山东大学的赵立璐教授、哈尔滨工业大学的胡怡宁副教授、南京审计大学的尼贺霞老师以及我的在读研究生夏伟、汪涵与任宸凯认真阅读了书稿的部分章节, 并指出打印错误. 我对他们的辛勤付出一并表示感谢. 我也感谢哈尔滨工业大学出版社刘培杰社长热心出版此书, 感谢李欣编辑认真细致的编辑工作.

书稿终于完成, 甚感欣慰. 由于写作过程稍显仓促再加上本人水平有限, 书中难免会有疏忽和不妥之处, 请读者见谅.

孙智伟 (南京大学数学系)

写于2022年11月21日

本书常用记号说明

自然数集: $\mathbb{N} = \{0, 1, 2, \cdots\}$. 正整数集: $\mathbb{Z}_+ = \{1, 2, 3, \cdots\}$. 整数环: $\mathbb{Z}$.

有理数域: $\mathbb{Q}$. 实数域: $\mathbb{R}$. 复数域: $\mathbb{C}$.

实数x的整数部分: $\lfloor x \rfloor$. 实数x的小数部分: $\{x\}$.

逻辑符号: $\vee$ (或者), $\wedge$ (并且), $\Rightarrow$ (推出), $\Longleftrightarrow$ (当且仅当).

量词符号: $\exists$ (存在量词), $\forall$ (全称量词).

不声明的情况下变元指整数变元, 在第4章中变元为自然数变元, 在§5.3中变元为有理数变元.

$\square$: 一般表示全体平方数构成的集合, 在§5.3中专指$\{r^2 : r \in \mathbb{Q}\}$.

Fibonacci 数: 由$F_0 = 0$, $F_1 = 1$及递推关系$F_{n+1} = F_n + F_{n-1}$ $(n = 1, 2, \cdots)$给出.

Lucas 数: 由$L_0 = 0$, $L_1 = 1$及递推关系$L_{n+1} = L_n + L_{n-1}$ $(n = 1, 2, \cdots)$给出.

Lucas u-序列$u_n = u_n(A, B)$: 由$u_0 = 0$, $u_1 = 1$及递推关系$u_{n+1} = Au_n - Bu_{n-1}$ $(n = 1, 2, \cdots)$给出.

Lucas v-序列$v_n = v_n(A, B)$: 由$v_0 = 2$, $v_1 = A$及递推关系$v_{n+1} = Av_n - Bv_{n-1}$ $(n = 1, 2, \cdots)$给出.

非零整数m在素数p处的阶: $\mathrm{ord}_p(m)$或者$\nu_p(m)$.

整数m与n的最大公因子: (m, n)或者$\gcd(m, n)$. 整数m与n的最小公倍数: $\mathrm{lcm}(m, n)$.

三个本原函数: $O(x) = 0$ (零函数), $S(x) = x + 1$ (后继函数), $I_{nk}(x_1, \cdots, x_n) = x_k$ (射影函数).

自然数的算术差: $x \dot{-} y$在$x \geqslant y$时取值$x - y$, 在$x < y$时取值0.

有序对记号: (x, y)或者$\langle x, y \rangle$.

有序对(x, y)的Cantor编号: $\mathrm{Cantor}(x, y) = T(x + y) + x$, 其中$T(z) = \frac{z(z+1)}{2}$.

配对左函数: $L(z) = z \dot{-} T\left(\left\lfloor \frac{\lfloor \sqrt{8z+1} \rfloor \dot{-} 1}{2} \right\rfloor\right)$.

配对右函数: $R(z) = \left\lfloor \frac{\lfloor \sqrt{8z+1} \rfloor \dot{-} 1}{2} \right\rfloor \dot{-} L(z)$.

μ算子: $\mu y\, [g(x_1, \cdots, x_n, y) = 0]$表示使得$g(x_1, \cdots, x_n, y) = 0$的最小自然数$y$ (不存在时就说无定义).

受限μ算子: $\mu x < y\, [g(x_1, \cdots, x_n, x) = 0]$表示使得$g(x_1, \cdots, x_n, x) = 0$的最小自然数$x < y$, 不存在时就取值$y$.

目　　录

1

第1章　Fibonacci 数与 Lucas 序列

§1.1　Fibonacci 数与 Lucas 数

Fibonacci 数 $F_0, F_1, \cdots$ 如下给出:

$$F_0 = 0, \ F_1 = 1, \ F_{n+1} = F_n + F_{n-1} \ (n = 1, 2, 3, \cdots).$$

下标不超过12的 Fibonacci 数依次是

$$F_0 = 0, \ F_1 = 1, \ F_2 = 1, \ F_3 = 2, \ F_4 = 3, \ F_5 = 5, \ F_6 = 8,$$

$$F_7 = 13, \ F_8 = 21, \ F_9 = 34, \ F_{10} = 55, \ F_{11} = 89, \ F_{12} = 144.$$

Fibonacci 数是以意大利数学家Leonardo Bonacci (1170—1250) 的绰号Fibonacci命名的, 源于他在1202 年出版的著作《算盘全书》(*Liber Abacci*)中的兔子繁殖问题.

【例1.1.1】(Fibonacci) 某年第一个月里有一对新生的雌雄小兔, 小兔在两个月后成年, 成年的一对雌雄兔子每个月又生一对雌雄小兔. 假如没有意外发生, 到年底共有多少对雌雄兔子?

解:设第 n 个月里共有 u_n 对雌雄兔子, 则 $u_1 = u_2 = 1$, $u_3 = 2$ (因为第一个月里那对兔子在第三个月里生了一对雌雄小兔), $u_4 = 3$ (起初那对老兔子在第四个月又生了一对雌雄小兔). 对于 $n = 1, 2, 3, \cdots$, 第 $n+1$ 个月里兔子对数 u_{n+1} 应是第 n 个月兔子对数 u_n 加上第 $n-1$ 个月里的兔子在第 $n+1$ 个月里所生的兔子对数 u_{n-1}. 由此可见 u_n 正是 Fibonacci 数 F_n. 年底时兔子对数为 $F_{12} = 144$.

Fibonacci 数有许多组合解释(参见R. P. Grimaldi [13]), 我们再看一个例子.

【例1.1.2】由 n 个取自 $\{0,1\}$ 的数 $a_1, \cdots, a_n$ 排成的有穷序列 $a_1 \cdots a_n$ 叫作长为 n 的 $(0,1)$-串. 不含连续两个0的长为 n 的 $(0,1)$-串共有多少个?

解:令 $f(n)$ 表示不含连续两个0的长为 n 的 $(0,1)$-串个数. 易见 $f(1) = 2$ (长为1的 $(0,1)$-串0与1都不含连续两个0), $f(2) = 3$ (不含连续两个0的长为2的 $(0,1)$-串为 $01, 10, 11$).

显然以1结尾的长为 $n+1$ 的 $(0,1)$-串 $a_1 \cdots, a_n 1$ 不含连续两个0, 当且仅当长为 n 的 $(0,1)$-串 $a_1 \cdots a_n$ 不含连续两个0. 另一方面, 当 $n > 1$ 时, 以0结尾的长为 $n+1$ 的 $(0,1)$- 串 $a_1 \cdots, a_n 0$ 不含连续两个0, 当且仅当 $a_n = 1$ 而且 $a_1 \cdots a_{n-1}$ 不含连续两个0. 因此有递推关系

$$f(n+1) = f(n) + f(n-1) \ (n = 1, 2, 3, \cdots).$$

由于 $f(1) = 2 = F_3$, $f(2) = 3 = F_4$, 根据上面递推关系知对任何正整数 n 有 $f(n) = F_{n+2}$.

Fibonacci数中仅有的完全方幂[形如x^y $(x, y = 2, 3, \cdots)$]为$F_6 = 2^3$与$F_{12} = 12^2$,
参见Y. Bugeaud, M. Mignotte与S. Siksek [2]. 侯庆虎、孙智伟与文昊旻[14]证明了作者
在2012年提出的一个猜测: 序列$\left({}^{n+1}\!\sqrt{F_{n+1}} \big/ \sqrt[n]{F_n} \right)_{n \geqslant 4}$严格递减到极限1. 任给正整数$n$, 汪
涵与孙智伟[57]证明了下述涉及行列式的结果:

$$\det[F_{|j-k|} + \delta_{jk}]_{1 \leqslant j, k \leqslant n} = \begin{cases} 1 & \text{如果 } n \equiv 0, \pm 1 \ (\mathrm{mod}\ 6), \\ 0 & \text{此外,} \end{cases}$$

其中Kronecker符号δ_{jk}在$j = k$时取值1, 在$j \neq k$时取值0.

　　Fibonacci数也神奇地出现在大自然中. 例如: 梅花的花瓣数是$F_5 = 5$, 紫苑的花瓣数
是$F_8 = 21$; 菠萝表面有三组不同方向的螺旋线, 分别有5条、8条和13条螺旋线.

　　Fibonacci数的命名是由十九世纪法国数学家Edouard Lucas (1842—1891) 提出来的.

Fibonacci　　　　　　　　　　Lucas

Lucas数$L_0, L_1, \cdots$是Lucas引入的Fibonacci数的对偶, 它们如下给出:

$$L_0 = 2, \ L_1 = 1, \ L_{n+1} = L_n + L_{n-1} \ (n = 1, 2, 3, \cdots).$$

下标不超过12的Lucas数依次是

$$L_0 = 2, \ L_1 = 1, \ L_2 = 3, \ L_3 = 4, \ L_4 = 7, \ L_5 = 11, \ L_6 = 18,$$
$$L_7 = 29, \ L_8 = 47, \ L_9 = 76, \ L_{10} = 123, \ L_{11} = 199, \ L_{12} = 322.$$

定理1.1.1 (Binet公式). 对任何$n \in \mathbb{N} = \{0, 1, 2, \cdots\}$, 我们有

$$F_n = \frac{1}{\sqrt{5}} \left(\left(\frac{1 + \sqrt{5}}{2} \right)^n - \left(\frac{1 - \sqrt{5}}{2} \right)^n \right), \quad L_n = \left(\frac{1 + \sqrt{5}}{2} \right)^n + \left(\frac{1 - \sqrt{5}}{2} \right)^n.$$

$$(1.1.1)$$

证明: 注意

$$\alpha = \frac{1+\sqrt{5}}{2}, \ \beta = \frac{1-\sqrt{5}}{2}$$

为一元二次方程 $x^2 = x+1$ 的两个根. 显然

$$F_0 = 0 = \frac{\alpha^0 - \beta^0}{\sqrt{5}}, \ F_1 = 1 = \frac{\alpha^1 - \beta^1}{\sqrt{5}},$$

并且

$$L_0 = 2 = \alpha^0 + \beta^0, \ L_1 = 1 = \alpha + \beta.$$

任给正整数 n, 如果对 $m = 0, \cdots, n$ 已有

$$F_m = \frac{\alpha^m - \beta^m}{\sqrt{5}} \ \text{与} \ L_m = \alpha^m + \beta^m,$$

则

$$F_{n+1} = F_n + F_{n-1} = \frac{\alpha^n - \beta^n + \alpha^{n-1} - \beta^{n-1}}{\sqrt{5}} = \frac{\alpha^{n+1} - \beta^{n+1}}{\sqrt{5}},$$

并且

$$L_{n+1} = L_n + L_{n-1} = \alpha^n + \beta^n + (\alpha^{n-1} + \beta^{n-1}) = \alpha^{n+1} + \beta^{n+1}.$$

综上, 我们归纳证明了 (1.1.1) 对任何 $n \in \mathbb{N}$ 成立.

明显地, 定理 1.2.2 蕴含着下面这个推论.

推论 1.1.1. 对任何 $n \in \mathbb{N}$, 我们有

$$\left(\frac{1 \pm \sqrt{5}}{2} \right)^n = \frac{L_n \pm F_n \sqrt{5}}{2}. \tag{1.1.2}$$

【例 1.1.3】求 $\left(\frac{1+\sqrt{5}}{2}\right)^{10}$.

解: 由于 $F_{10} = 55$ 且 $L_{10} = 123$, 依推论 1.1.1 我们有

$$\left(\frac{1+\sqrt{5}}{2} \right)^{10} = \frac{L_{10} + F_{10}\sqrt{5}}{2} = \frac{123 + 55\sqrt{5}}{2}.$$

定理 1.1.2. 对任何 $n \in \mathbb{N}$ 有

$$L_n = 2F_{n+1} - F_n, \ 5F_n = 2L_{n+1} - L_n, \ L_n^2 - 5F_n^2 = 4(-1)^n. \tag{1.1.3}$$

证明: 前两个公式在$n = 0, 1$时成立, 从而对n归纳易证. 第三个公式可利用推论1.1.1获得:

$$L_n^2 - 5F_n^2 = (L_n + F_n\sqrt{5})(L_n - F_n\sqrt{5}) = 2\left(\frac{1+\sqrt{5}}{2}\right)^n \times 2\left(\frac{1-\sqrt{5}}{2}\right)^n = 4(-1)^n.$$

在西方, 黄金比指的是

$$\phi = \frac{\sqrt{5}+1}{2} \approx 1.618,$$

中国人说的黄金比常指

$$\frac{1}{\phi} = \phi - 1 = \frac{\sqrt{5}-1}{2} \approx 0.618.$$

黄金比常常带来美感, 例如: 长与宽之比为ϕ的长方形镜子看起来最舒服.

作者在2014年猜测有下述等式(参见[51, 猜想10.62]):

$$\sum_{k=1}^{\infty} \frac{L_{2k}}{k^2\binom{2k}{k}}\left(\frac{1}{k} + \frac{1}{k+1} + \cdots + \frac{1}{2k}\right) = \frac{41\zeta(3) + 3\pi^2\log\phi}{25}, \quad \text{其中} \quad \zeta(3) = \sum_{n=1}^{\infty} \frac{1}{n^3}.$$

这被徐策与赵健强[59]在2022年所证明.

潘颢与作者[27]证明了R. Tauraso的如下猜测: 对素数$p > 5$有同余式

$$\sum_{k=1}^{p-1} \frac{L_k}{k^2} \equiv 0 \pmod{p}.$$

例如:

$$\frac{L_1}{1^2} + \frac{L_2}{2^2} + \frac{L_3}{3^2} + \frac{L_4}{4^2} + \frac{L_5}{5^2} + \frac{L_6}{6^2}$$
$$= \frac{1}{1} + \frac{3}{4} + \frac{4}{9} + \frac{7}{16} + \frac{11}{25} + \frac{18}{36} = \frac{12\,859}{3600}$$
$$= 7 \times \frac{1837}{3600} \equiv 0 \pmod 7.$$

§1.2 关于Lucas u-序列与v-序列的恒等式

设A与B为给定的复数. 对$n \in \mathbb{N} = \{0, 1, 2, \cdots\}$我们定义$u_n = u_n(A, B)$与$v_n = v_n(A, B)$如下:

$$u_0 = 0, \ u_1 = 1, \ \text{且} \ u_{n+1} = Au_n - Bu_{n-1} \ (n = 1, 2, 3, \cdots);$$
$$v_0 = 2, \ v_1 = A, \ \text{且} \ v_{n+1} = Av_n - Bv_{n-1} \ (n = 1, 2, 3, \cdots).$$

序列$(u_n)_{n \geqslant 0}$及其伴随序列$(v_n)_{n \geqslant 0}$首先由Lucas在1876年引入并系统地研究, 它们统称为Lucas 序列(Lucas sequences).

对 $n \in \mathbb{N}$ 归纳易见

$$u_n(2,1) = n, \ v_n(2,1) = 2; \ u_n(3,2) = 2^n - 1, \ v_n(3,2) = \frac{2^n + 1}{3}.$$

注意 $u_n(1,-1)$ 与 $v_n(1,-1)$ 分别是 Fibonacci 数 F_n 与 Lucas 数 L_n.

Pell 序列 $(P_n)_{n \geqslant 0}$ 及其伴随序列 $(Q_n)_{n \geqslant 0}$ 如下给出:

$$P_0 = 0, \ P_1 = 1, \ P_{n+1} = 2P_n + P_{n-1} \ (n = 1, 2, 3, \cdots);$$

$$Q_0 = 2, \ Q_1 = 2, \ Q_{n+1} = 2Q_n + Q_{n-1} \ (n = 1, 2, 3, \cdots).$$

等价地, $P_n = u_n(2,-1)$ 且 $Q_n = v_n(2,-1)$.

如下定义序列 $(S_n)_{n \geqslant 0}$ 与 $(T_n)_{n \geqslant 0}$:

$$S_0 = 0, \ S_1 = 1, \ S_{n+1} = 4S_n - S_{n-1} \ (n = 1, 2, 3, \cdots);$$

$$T_0 = 2, \ T_1 = 4, \ T_{n+1} = 4T_n - T_{n-1} \ (n = 1, 2, 3, \cdots).$$

也就是说, $S_n = u_n(4,1)$ 且 $T_n = v_n(4,1)$.

定理1.2.1. 设 $A, B, C \in \mathbb{C}$ 且 $C \neq 0$, 则对任何 $n \in \mathbb{N}$ 有

$$u_n(AC, BC^2) = C^{n-1} u_n(A, B) \ \text{且} \ v_n(AC, BC^2) = C^n v_n(A, B). \qquad (1.2.1)$$

证明: $(1.2.1)$ 在 $n = 0, 1$ 时显然成立.

假如 $n \in \mathbb{Z}_+$ 且对 $m = 0, \cdots, n$ 已有

$$u_m(AC, BC^2) = C^{m-1} u_m(A, B) \ \text{与} \ v_m(AC, BC^2) = C^m v_m(A, B).$$

那么

$$\begin{aligned}
u_{n+1}(AC, BC^2) &= AC u_n(AC, BC^2) - BC^2 u_{n-1}(AC, BC^2) \\
&= AC(C^{n-1} u_n(A, B)) - BC^2(C^{n-2} u_{n-1}(A, B)) \\
&= C^n(A u_n(A, B) - B u_{n-1}(A, B)) = C^n u_{n+1}(A, B),
\end{aligned}$$

并且

$$\begin{aligned}
v_{n+1}(AC, BC^2) &= AC v_n(AC, BC^2) - BC^2 v_{n-1}(AC, BC^2) \\
&= AC(C^n v_n(A, B)) - BC^2(C^{n-1} v_{n-1}(A, B)) \\
&= C^{n+1}(A v_n(A, B) - B v_{n-1}(A, B)) = C^{n+1} v_{n+1}(A, B).
\end{aligned}$$

综上, 我们对 $n \in \mathbb{N}$ 归纳证明了 $(1.2.1)$.

推论1.2.1. 如果$A, B \in \mathbb{C}$且$A^2 - 4B = 0$, 则对$n \in \mathbb{Z}_+$有

$$u_n(A, B) = n\left(\frac{A}{2}\right)^{n-1} \text{ 且 } v_n(A, B) = \frac{A^n}{2^{n-1}}.$$

证明: 应用定理1.2.1知, 当$n \in \mathbb{Z}_+$时

$$u_n(A, B) = u_n\left(A, \frac{A^2}{4}\right) = \left(\frac{A}{2}\right)^{n-1} u_n(2, 1) = n\left(\frac{A}{2}\right)^{n-1},$$

并且

$$v_n(A, B) = v_n\left(A, \frac{A^2}{4}\right) = \left(\frac{A}{2}\right)^n v_n(2, 1) = 2\left(\frac{A}{2}\right)^n.$$

对于 Lucas 序列$u_n = u_n(A, B)$与$v_n = v_n(A, B)$, 方程$x^2 - Ax + B = 0$叫作它的特征方程, $\Delta = A^2 - 4B$叫作它的判别式. 方程$x^2 - Ax + B = 0$的两个根为

$$\alpha = \frac{A + \sqrt{\Delta}}{2}, \ \beta = \frac{A - \sqrt{\Delta}}{2}.$$

注意

$$\alpha + \beta = A, \ \alpha\beta = B, \ (\alpha - \beta)^2 = \Delta.$$

定理1.2.2 (Binet, 1843)**.** 对任何$n \in \mathbb{N}$, 我们有

$$u_n = \sum_{0 \leqslant k < n} \alpha^k \beta^{n-1-k} \text{ 且 } v_n = \alpha^n + \beta^n, \tag{1.2.2}$$

从而也有

$$(\alpha - \beta)u_n = \alpha^n - \beta^n. \tag{1.2.3}$$

证明: (1.2.2)在$n = 0, 1$时显然成立.

任给$n \in \mathbb{N}$, 假设对$m = 0, \cdots, n$已有

$$u_m = \sum_{0 \leqslant k < m} \alpha^k \beta^{m-1-k} \text{ 且 } v_m = \alpha^m + \beta^m,$$

则

$$\begin{aligned}
u_{n+1} &= Au_n - Bu_{n-1} \\
&= (\alpha + \beta) \sum_{0 \leqslant k < n} \alpha^k \beta^{n-1-k} - \alpha\beta \sum_{0 \leqslant k < n-1} \alpha^k \beta^{n-2-k} \\
&= \sum_{0 \leqslant k < n} \alpha^{k+1} \beta^{n-(k+1)} + \sum_{0 \leqslant k < n} \alpha^k \beta^{n-k} - \sum_{0 \leqslant k < n-1} \alpha^{k+1} \beta^{n-(k+1)} \\
&= \alpha^n \beta^0 + \sum_{0 \leqslant k < n} \alpha^k \beta^{n-k} = \sum_{k=0}^{n} \alpha^k \beta^{n-k},
\end{aligned}$$

并且

$$\begin{aligned}
v_{n+1} &= Av_n - Bv_{n-1} \\
&= (\alpha + \beta)(\alpha^n + \beta^n) - \alpha\beta(\alpha^{n-1} + \beta^{n-1}) \\
&= \alpha^{n+1} + \beta^{n+1} + \alpha^n\beta + \alpha\beta^n - (\alpha^n\beta + \alpha\beta^n) = \alpha^{n+1} + \beta^{n+1}.
\end{aligned}$$

综上, 依数学归纳法知对任何 $n \in \mathbb{N}$ 都有(1.2.2), 因而

$$(\alpha - \beta)u_n = (\alpha - \beta) \sum_{0 \leqslant k < n} \alpha^k \beta^{n-1-k} = \alpha^n - \beta^n.$$

显然定理1.2.2蕴含着推论1.2.1.

推论1.2.2. 任给 $n \in \mathbb{N}$, 我们有

$$P_n = \frac{1}{2\sqrt{2}} \left((1 + \sqrt{2})^n - (1 - \sqrt{2})^n \right),$$

$$Q_n = (1 + \sqrt{2})^n + (1 - \sqrt{2})^n,$$

$$S_n = \frac{1}{2\sqrt{3}} \left((2 + \sqrt{3})^n - (2 - \sqrt{3})^n \right),$$

$$T_n = (2 + \sqrt{3})^n + (2 - \sqrt{3})^n.$$

证明: 当 $A = 2$ 且 $B = -1$ 时, $A^2 - 4B = 8$. 如果 $A = 4$ 且 $B = 1$, 则 $A^2 - 4B = 12$. 应用定理1.2.2立得所要结果.

推论1.2.3. 设 $n \in \mathbb{N}$. 任给 $A, B \in \mathbb{C}$, 我们有

$$\left(\frac{A \pm \sqrt{\Delta}}{2} \right)^n = \frac{v_n(A, B) \pm u_n(A, B)\sqrt{\Delta}}{2}, \tag{1.2.4}$$

其中 $\Delta = A^2 - 4B$. 特别地,

$$(1 \pm \sqrt{2})^n = \frac{Q_n + P_n\sqrt{2}}{2} \quad 且 \quad (2 \pm \sqrt{3})^n = \frac{T_n + S_n\sqrt{3}}{2}. \tag{1.2.5}$$

证明: 令

$$\alpha = \frac{A + \sqrt{\Delta}}{2}, \quad \beta = \frac{A - \sqrt{\Delta}}{2}.$$

由定理1.2.2知

$$v_n(A, B) \pm u_n(A, B)\sqrt{\Delta} = \alpha^n + \beta^n \pm (\alpha^n - \beta^n),$$

从而(1.2.4)成立. 在(1.2.4)中取 $A = 2$ 与 $B = -1$ 即得(1.2.5)中前一式, 取 $A = 4$ 与 $B = 1$ 即得(1.2.5)中后一式.

推论1.2.4. 设$A, B \in \mathbb{C}$且$\Delta = A^2 - 4B$. 对任何$n \in \mathbb{N}$, 我们有

$$u_n(A, B) = \frac{1}{2^{n-1}} \sum_{0 \leqslant k < n/2} \binom{n}{2k+1} A^{n-1-2k} \Delta^k \qquad (1.2.6)$$

且

$$v_n(A, B) = \frac{1}{2^{n-1}} \sum_{k=0}^{\lfloor n/2 \rfloor} \binom{n}{2k} A^{n-2k} \Delta^k. \qquad (1.2.7)$$

证明: 在$n = 0$时(1.2.6)的左右两边为零. 如果$\Delta = 0$, 则对正整数n有

$$\frac{1}{2^{n-1}} \sum_{0 \leqslant k < n/2} \binom{n}{2k+1} A^{n-1-2k} \Delta^k = \frac{\binom{n}{1} A^{n-1}}{2^{n-1}} = u_n,$$

这里最后一步用到了推论1.2.1. 如果$\Delta \neq 0$, 则由定理1.2.2知$n \in \mathbb{Z}_+$时

$$\begin{aligned}
\sqrt{\Delta}\, u_n(A, B) &= \left(\frac{A + \sqrt{\Delta}}{2}\right)^n - \left(\frac{A - \sqrt{\Delta}}{2}\right)^n \\
&= \frac{1}{2^n} \sum_{j=0}^{n} \binom{n}{j} A^{n-j} \left((\sqrt{\Delta})^j - (-\sqrt{\Delta})^j\right) \\
&= \frac{2}{2^n} \sum_{k=0}^{\lfloor (n-1)/2 \rfloor} \binom{n}{2k+1} A^{n-1-2k} \Delta^k \sqrt{\Delta},
\end{aligned}$$

从而(1.2.6)成立.

任给$n \in \mathbb{N}$, 由定理1.2.2知

$$\begin{aligned}
v_n(A, B) &= \left(\frac{A + \sqrt{\Delta}}{2}\right)^n + \left(\frac{A - \sqrt{\Delta}}{2}\right)^n \\
&= \frac{1}{2^n} \sum_{j=0}^{n} \binom{n}{j} A^{n-j} \left((\sqrt{\Delta})^j + (-\sqrt{\Delta})^j\right) \\
&= \frac{2}{2^n} \sum_{k=0}^{\lfloor n/2 \rfloor} \binom{n}{2k} A^{n-2k} \Delta^k,
\end{aligned}$$

从而(1.2.7)成立.

定理1.2.3 (*u*-*v*关系式). 设$A, B \in \mathbb{C}$且$\Delta = A^2 - 4B$. 对$k \in \mathbb{N}$, 把$u_k(A, B)$与$v_k(A, B)$分别简记为u_k与v_k. 则对任何$n \in \mathbb{N}$有

$$v_n = 2u_{n+1} - Au_n, \quad \Delta u_n = 2v_{n+1} - Av_n, \qquad (1.2.8)$$

而且

$$v_n^2 - \Delta u_n^2 = 4B^n. \tag{1.2.9}$$

证明: 易见

$$2u_1 - Au_0 = 2 \times 1 - A \times 0 = 2 = v_0, \ \ 2u_2 - Au_1 = 2A - A = A = v_1,$$

而且

$$2v_1 - Av_0 = 2A - A2 = 0 = \Delta u_0, \ 2v_2 - Av_1 = 2(Av_1 - Bv_0) - Av_1 = Av_1 - 2Bv_0 = \Delta u_1.$$

因此(1.2.8)在 $n = 0, 1$ 时成立.

设 $n \in \mathbb{Z}_+$ 且对 $m \in \{0, \cdots, n\}$ 已有

$$v_m = 2u_{m+1} - Au_m \ \ \text{与} \ \ \Delta u_m = 2v_{m+1} - Av_m,$$

则

$$v_{n+1} = Av_n - Bv_{n-1} = A(2u_{n+1} - Au_n) - B(2u_n - Au_{n-1})$$
$$= 2(Au_{n+1} - Bu_n) - A(Au_n - Bu_{n-1}) = 2u_{n+2} - Au_{n+1},$$

并且

$$\Delta u_{n+1} = A\Delta u_n - B\Delta u_{n-1} = A(2v_{n+1} - Av_n) - B(2v_n - Av_{n-1})$$
$$= 2(Av_{n+1} - Bv_n) - A(Av_n - Bv_{n-1}) = 2v_{n+2} - Av_{n+1}.$$

综上, 我们归纳证明了(1.2.8)对任何 $n \in \mathbb{N}$ 成立.

令

$$\alpha = \frac{A + \sqrt{\Delta}}{2}, \ \ \beta = \frac{A - \sqrt{\Delta}}{2}.$$

应用定理1.2.2知对任何 $n \in \mathbb{N}$ 有

$$v_n^2 - \Delta u_n^2 = (\alpha^n + \beta^n)^2 - (\alpha^n - \beta^n)^2 = 4(\alpha\beta)^n = 4B^n.$$

这便证明了(1.2.9).

推论1.2.5. 对任何 $n \in \mathbb{N}$, 我们有

$$Q_n = 2(P_{n+1} - P_n), \ 4P_n = Q_{n+1} - Q_n, \ Q_n^2 - 8P_n^2 = 4(-1)^n, \tag{1.2.10}$$

并且

$$T_n = 2S_{n+1} - 4S_n, \ 6S_n = T_{n+1} - 2T_n, \ T_n^2 - 12S_n^2 = 4. \tag{1.2.11}$$

证明: 对$\langle A, B\rangle = \langle 2, -1\rangle$与$\langle A, B\rangle = \langle 4, 1\rangle$应用定理1.2.3即得所要结果.

定理1.2.4 (邻项公式). 对任何$n \in \mathbb{N}$有

$$u_{n+1}^2 - Au_{n+1}u_n + Bu_n^2 = B^n, \quad v_{n+1}^2 - Av_{n+1}v_n + Bv_n^2 = -\Delta B^n.$$

等价地, $n \in \mathbb{Z}_+ = \{1, 2, 3, \cdots\}$时

$$u_n^2 - u_{n-1}u_{n+1} = B^{n-1} \text{ 且 } v_n^2 - v_{n-1}v_{n+1} = -\Delta B^{n-1}.$$

证明: 任给$n \in \mathbb{N}$, 由定理1.2.3知

$$4B^n = v_n^2 - \Delta u_n^2 = (2u_{n+1} - Au_n)^2 - \Delta u_n^2$$

且

$$4\Delta B^n = \Delta v_n^2 - (\Delta u_n)^2 = \Delta v_n^2 - (2v_{n+1} - Av_n)^2.$$

故有所要结果.

　　【例1.2.1】对任何$n \in \mathbb{N}$, 我们有

$$F_{n+1}^2 - F_{n+1}F_n - F_n^2 = (-1)^n, \quad L_{n+1}^2 - L_{n+1}L_n - L_n^2 = 5(-1)^{n-1};$$
$$P_{n+1}^2 - 2P_{n+1}P_n - P_n^2 = (-1)^n, \quad Q_{n+1}^2 - 2Q_{n+1}Q_n - Q_n^2 = 8(-1)^{n-1};$$
$$S_{n+1}^2 - 4S_{n+1}S_n + S_n^2 = 1, \quad T_{n+1}^2 - 4T_{n+1}T_n + T_n^2 = -12.$$

定理1.2.5 (依递推系数展开). 任给$A, B \in \mathbb{C}$与$n \in \mathbb{Z}_+$, 我们有

$$u_n(A, B) = \sum_{k=0}^{\lfloor (n-1)/2 \rfloor} \binom{n-1-k}{k} A^{n-1-2k}(-B)^k, \tag{1.2.12}$$

$$v_n(A, B) = \sum_{k=0}^{\lfloor n/2 \rfloor} \frac{n}{n-k} \binom{n-k}{k} A^{n-2k}(-B)^k. \tag{1.2.13}$$

证明: 对$m \in \mathbb{N}$把$u_m(A, B)$与$v_m(A, B)$分别简记为u_m与v_m. 令

$$\alpha = \frac{A + \sqrt{A^2 - 4B}}{2}, \quad \beta = \frac{A - \sqrt{A^2 - 4B}}{2},$$

则$\alpha + \beta = A$且$\alpha\beta = B$. 当$\max(|\alpha|,|\beta|)|x| < 1$时, 应用定理1.2.2得

$$\sum_{m=1}^{\infty} u_m x^{m-1} = \sum_{m=1}^{\infty}\sum_{k=0}^{m-1} \alpha^k \beta^{m-1-k} x^{m-1}$$

$$= \sum_{m=1}^{\infty}\sum_{k=0}^{m-1} (\alpha x)^k (\beta x)^{m-1-k} = \sum_{k=0}^{\infty}(\alpha x)^k \sum_{j=0}^{\infty}(\beta x)^j$$

$$= \frac{1}{1-\alpha x} \cdot \frac{1}{1-\beta x} = \frac{1}{1-Ax+Bx^2}.$$

对$m \in \mathbb{N}$令$[x^m]f(x)$表示$f(x)$的幂级数展开式中x^m项系数, 则

$$u_n = [x^{n-1}] \sum_{m=1}^{\infty} u_m x^{m-1} = [x^{n-1}]\frac{1}{1-Ax+Bx^2}$$

$$= [x^{n-1}]\frac{1-(x(A-Bx))^n}{1-x(A-Bx)} = [x^{n-1}]\sum_{k=0}^{n-1} x^k (A-Bx)^k$$

$$= [x^{n-1}]\sum_{k=0}^{n-1} x^{n-1-k}(A-Bx)^{n-1-k}$$

$$= \sum_{k=0}^{\lfloor (n-1)/2 \rfloor} \binom{n-1-k}{k}(-B)^k A^{n-1-k-k}$$

$$= \sum_{k=0}^{\lfloor (n-1)/2 \rfloor} \binom{n-1-k}{k} A^{n-1-2k}(-B)^k.$$

综上及定理1.2.3, 我们有

$$v_n = 2u_{n+1} - Au_n$$

$$= 2\sum_{k=0}^{\lfloor n/2 \rfloor} \binom{n-k}{k} A^{n-2k}(-B)^k$$

$$\quad - A \sum_{k=0}^{\lfloor (n-1)/2 \rfloor} \binom{n-1-k}{k} A^{n-1-2k}(-B)^k$$

$$= \sum_{k=0}^{\lfloor n/2 \rfloor} \left(2\binom{n-k}{k} - \binom{n-1-k}{k} \right) A^{n-2k}(-B)^k$$

$$= \sum_{k=0}^{\lfloor n/2 \rfloor} \frac{n}{n-k}\binom{n-k}{k} A^{n-2k}(-B)^k.$$

这便结束了定理1.2.5的证明.

推论1.2.6. 对任何 $n \in \mathbb{Z}_+$, 我们有

$$F_n = \sum_{k=0}^{\lfloor (n-1)/2 \rfloor} \binom{n-1-k}{k}, \quad L_n = \sum_{k=0}^{\lfloor n/2 \rfloor} \frac{n}{n-k}\binom{n-k}{k}; \tag{1.2.14}$$

$$P_n = \sum_{k=0}^{\lfloor (n-1)/2 \rfloor} \binom{n-1-k}{k}2^{n-1-2k}, \quad Q_n = \sum_{k=0}^{\lfloor n/2 \rfloor} \frac{n}{n-k}\binom{n-k}{k}2^{n-2k}; \tag{1.2.15}$$

$$S_n = \sum_{k=0}^{\lfloor (n-1)/2 \rfloor} (-1)^k\binom{n-1-k}{k}4^{n-1-2k}, \quad T_n = \sum_{k=0}^{\lfloor n/2 \rfloor} (-1)^k\frac{n}{n-k}\binom{n-k}{k}4^{n-2k}. \tag{1.2.16}$$

证明: 应用(1.2.12)与(1.2.13)即得所要的等式.

定理1.2.6 (加法公式). 设 $A, B \in \mathbb{C}$, 对 $k \in \mathbb{N}$ 把 $u_k(A,B)$ 与 $v_k(A,B)$ 分别记为 u_k 与 v_k, 则对任何 $m, n \in \mathbb{N}$ 有

$$u_{m+n} = \frac{u_m v_n + u_n v_m}{2}, \quad v_{m+n} = \frac{v_m v_n + \Delta u_m u_n}{2}. \tag{1.2.17}$$

证明: 令

$$\Delta = A^2 - 4B, \quad \alpha = \frac{A + \sqrt{\Delta}}{2}, \quad \beta = \frac{A - \sqrt{\Delta}}{2}.$$

根据定理1.2.2,

$$v_m v_n + \Delta u_m u_n = (\alpha^m + \beta^m)(\alpha^n + \beta^n) + (\alpha^m - \beta^m)(\alpha^n - \beta^n)$$
$$= 2(\alpha^{m+n} + \beta^{m+n}) = 2v_{m+n}.$$

故(1.2.17)中后一式成立. 类似地,

$$(\alpha - \beta)u_m v_n + (\alpha - \beta)u_n v_m = (\alpha^m - \beta^m)(\alpha^n + \beta^n) + (\alpha^n - \beta^n)(\alpha^m + \beta^m)$$
$$= 2(\alpha^{m+n} - \beta^{m+n}),$$

从而 $\Delta \neq 0$ 时(1.2.17)中前一式也成立. 由于 $v_0 = 2$, 易见(1.2.17)中前一式在 $m = 0$ 或 $n = 0$ 时成立.

下设 $m, n \in \mathbb{Z}_+$ 且 $\Delta = 0$. 利用定理1.2.1得

$$u_m v_n + u_n v_m = m\left(\frac{A}{2}\right)^{m-1} \times 2\left(\frac{A}{2}\right)^n + n\left(\frac{A}{2}\right)^{n-1} \times 2\left(\frac{A}{2}\right)^m$$
$$= 2(m+n)\left(\frac{A}{2}\right)^{m+n-1} = 2u_{m+n}.$$

这便完成了(1.2.17)中前一式的证明.

定理1.2.7 (双倍公式). 设 $A, B \in \mathbb{C}$, 对 $k \in \mathbb{N}$ 把 $u_k(A, B)$ 与 $v_k(A, B)$ 分别简记为 u_k 与 v_k. 任给 $n \in \mathbb{N}$, 我们有

$$u_{2n} = u_n v_n, \ v_{2n} = v_n^2 - 2B^n = \frac{v_n^2 + \Delta u_n^2}{2} = \Delta u_n^2 + 2B^n,$$

$$u_{2n+1} = u_{n+1}^2 - Bu_n^2, \ v_{2n+1} = v_n v_{n+1} - AB^n.$$

证明: 令 $\Delta = A^2 - 4B$. 在(1.2.17)中取 $m = n$ 得

$$u_{2n} = u_n v_n \ \text{且} \ v_{2n} = \frac{v_n^2 + \Delta u_n^2}{2}.$$

而 $v_n^2 - \Delta u_n^2 = 4B^n$ (由(1.2.9)), 故也有

$$v_{2n} = \frac{v_n^2 + (v_n^2 - 4B^n)}{2} = v_n^2 - 2B^n = \Delta u_n^2 + 2B^n.$$

在(1.2.17)的前一式中取 $m = n + 1$ 并利用定理1.2.3得

$$u_{2n+1} = \frac{u_{n+1} v_n + u_n v_{n+1}}{2} = \frac{u_{n+1}(2u_{n+1} - Au_n) + u_n(2u_{n+2} - Au_{n+1})}{2}$$

$$= u_{n+1}^2 + u_n u_{n+2} - Au_n u_{n+1} = u_{n+1}^2 - Bu_n^2.$$

令

$$\alpha = \frac{A + \sqrt{\Delta}}{2}, \ \beta = \frac{A - \sqrt{\Delta}}{2}.$$

根据定理1.2.2, 我们有

$$v_n v_{n+1} - AB^n = (\alpha^n + \beta^n)(\alpha^{n+1} + \beta^{n+1}) - (\alpha + \beta)(\alpha\beta)^n = \alpha^{2n+1} + \beta^{2n+1} = v_{2n+1}.$$

综上, 定理1.2.7得证.

根据定理1.2.7, 对任何 $n \in \mathbb{N}$, 我们有

$$F_{2n} = F_n L_n, \ L_{2n} = 5F_n^2 + 2(-1)^n,$$

$$F_{2n+1} = F_n^2 + F_{n+1}^2, \ L_{2n+1} = L_n L_{n+1} + (-1)^{n-1};$$

$$P_{2n} = P_n Q_n, \ Q_{2n} = 8P_n^2 + 2(-1)^n,$$

$$P_{2n+1} = P_n^2 + P_{n+1}^2, \ Q_{2n+1} = Q_n Q_{n+1} + 2(-1)^{n-1};$$

$$S_{2n} = S_n T_n, \ T_{2n} = 12S_n^2 + 2,$$

$$S_{2n+1} = S_{n+1}^2 - S_n^2, \ T_{2n+1} = T_n T_{n+1} - 4.$$

定理1.2.8 (减法公式). 设 $A, B \in \mathbb{C}$, 对 $k \in \mathbb{N}$ 把 $u_k(A,B)$ 与 $v_k(A,B)$ 分别简记为 u_k 与 v_k. 任给整数 $m \geqslant n \geqslant 0$, 我们有

$$2B^n u_{m-n} = u_m v_n - u_n v_m, \quad 2B^n v_{m-n} = v_m v_n - \Delta u_m u_n.$$

证明: 令

$$\Delta = A^2 - 4B, \ \alpha = \frac{A+\sqrt{\Delta}}{2}, \ \beta = \frac{A-\sqrt{\Delta}}{2}.$$

则

$$\begin{aligned}
v_m v_n - \Delta u_m u_n &= (\alpha^m + \beta^m)(\alpha^n + \beta^n) - (\alpha^m - \beta^m)(\alpha^n - \beta^n) \\
&= 2\alpha^n \beta^n (\alpha^{m-n} + \beta^{m-n}) = 2B^n v_{m-n}.
\end{aligned}$$

类似地,

$$\begin{aligned}
(\alpha - \beta) u_m v_n - (\alpha - \beta) u_n v_m &= (\alpha^m - \beta^m)(\alpha^n + \beta^n) - (\alpha^n - \beta^n)(\alpha^m + \beta^m) \\
&= 2\alpha^n \beta^n (\alpha^{m-n} - \beta^{m-n}) = 2B^n (\alpha - \beta) u_{m-n},
\end{aligned}$$

从而 $\Delta \neq 0$ 时 $u_m v_n - u_n v_m = 2B^n u_{m-n}$.

显然

$$u_m v_0 - u_0 v_m = 2u_m = 2B^0 u_{m-0} \ \text{且} \ u_n v_n - u_n v_n = 0 = 2B^n u_{n-n}.$$

下设 $m > n > 0$ 且 $\Delta = 0$. 根据推论1.2.1,

$$\begin{aligned}
u_m v_n - u_n v_m &= m\left(\frac{A}{2}\right)^{m-1} \frac{A^n}{2^{n-1}} - n\left(\frac{A}{2}\right)^{n-1} \frac{A^m}{2^{m-1}} = 2(m-n)\left(\frac{A}{2}\right)^{m+n-1} \\
&= 2\left(\frac{A^2}{4}\right)^n (m-n)\left(\frac{A}{2}\right)^{m-n-1} = 2B^n u_{m-n}.
\end{aligned}$$

综上, 我们完成了定理1.2.8的证明.

推论1.2.7. 设 $A, B \in \mathbb{C}$. 对于整数 $m \geqslant n \geqslant 0$, 我们有

$$u_{m+n}(A,B) + B^n u_{m-n}(A,B) = u_m(A,B) v_n(A,B), \tag{1.2.18}$$

$$v_{m+n}(A,B) + B^n v_{m-n}(A,B) = v_m(A,B) v_n(A,B). \tag{1.2.19}$$

证明: 令 $\Delta = A^2 - 4B$. 对 $k \in \mathbb{N}$ 把 $u_k(A, B)$ 与 $v_k(A, B)$ 分别简记为 u_k 与 v_k. 利用定理1.2.6与定理1.2.8, 我们得到

$$2u_{m+n} + 2B^n u_{m-n} = (u_m v_n + u_n v_m) + (u_m v_n - u_n v_m) = 2u_m v_n$$

与

$$2v_{m+n} + 2B^n v_{m-n} = (v_m v_n + \Delta u_m u_n) + (v_m v_n - \Delta u_m u_n) = 2v_m v_n.$$

故有(1.2.18)与(1.2.19).

定理1.2.9 (加倍公式). 设 $A, B \in \mathbb{C}$, 对 $k \in \mathbb{N}$ 把 $u_k(A, B)$ 与 $v_k(A, B)$ 简记为 u_k 与 v_k, 则对任何 $k, n \in \mathbb{N}$ 有

$$u_{kn} = u_k \cdot u_n(v_k, B^k) \quad \text{与} \quad v_{kn} = v_n(v_k, B^k).$$

证明: 固定 $k \in \mathbb{N}$. 令

$$\Delta = A^2 - 4B, \ \alpha = \frac{A + \sqrt{\Delta}}{2}, \ \beta = \frac{A - \sqrt{\Delta}}{2}.$$

再令 $A' = v_k$, $B' = B^k$, $\Delta' = (A')^2 - 4B'$. 由定理1.2.3知 $\Delta' = v_k^2 - 4B^k = \Delta u_k^2$. 任给 $n \in \mathbb{N}$, 依定理1.2.2,

$$v_n(v_k, B^k) = v_n(A', B') = \left(\frac{A' + \sqrt{\Delta'}}{2}\right)^n + \left(\frac{A' - \sqrt{\Delta'}}{2}\right)^n$$

$$= \left(\frac{v_k + u_k\sqrt{\Delta}}{2}\right)^n + \left(\frac{v_k - u_k\sqrt{\Delta}}{2}\right)^n = \alpha^{kn} + \beta^{kn} = v_{kn}.$$

下面对 $n \in \mathbb{N}$ 归纳证明 $u_{kn} = u_k \cdot u_n(v_k, B^k)$.

显然 $u_k \cdot u_0(v_k, B^k) = u_k \cdot 0 = 0 = u_{k0}$.

现在假设 $n \in \mathbb{N}$ 且 $u_{kn} = u_k \cdot u_n(v_k, B^k)$. 依(1.2.17)与定理1.2.3,

$$2u_{k(n+1)} = 2u_{kn+k} = u_{kn}v_k + u_k v_{kn} = u_k u_n(v_k, B^k)v_k + u_k v_n(v_k, B^k)$$

$$= u_k(v_k u_n(v_k, B^k) + v_n(v_k, B^k)) = u_k(2u_{n+1}(v_k, B^k)) = 2u_k u_{n+1}(v_k, B^k).$$

故有 $u_{k(n+1)} = u_k u_{n+1}(v_k, B^k)$.

至此我们完成了定理1.2.9的证明.

推论1.2.8. 设 $A, B \in \mathbb{C}$. 对任何 $n \in \mathbb{N}$, 我们有

$$u_{2n}(A, B) = Au_n(A^2 - 2B, B^2), \ v_{2n}(A, B) = v_n(A^2 - 2B, B^2). \tag{1.2.20}$$

证明: 注意$u_2(A,B) = A$且$v_2(A,B) = A^2 - 2B$. 在定理1.2.9中取$k = 2$即得(1.2.20).

定理1.2.10 (关于线性下标, 参见[43]). 设$A, B, w_0, w_1 \in \mathbb{C}$, 且

$$w_{n+1} = Aw_n - Bw_{n-1} \ (n = 1, 2, 3, \cdots).$$

对$k \in \mathbb{N}$把$u_k(A,B)$简记为u_k. 任给$k \in \mathbb{Z}_+$与$l, n \in \mathbb{N}$, 我们有

$$w_{kn+l} = \sum_{j=0}^{n} \binom{n}{j} (-Bu_{k-1})^{n-j} u_k^j w_{l+j}, \tag{1.2.21}$$

特别地,

$$w_{2n+l} = \sum_{j=0}^{n} \binom{n}{j} (-B)^{n-j} A^j w_{l+j}. \tag{1.2.22}$$

证明: 在(1.2.21)中取$k = 2$即得(1.2.22), 故我们只需对$n \in \mathbb{N}$归纳证明(1.2.21)对任何$k \in \mathbb{Z}_+$与$l \in \mathbb{N}$都成立.

显然$n = 0$时(1.2.21)对任何$k \in \mathbb{Z}_+$与$l \in \mathbb{N}$都成立.

我们断言对任何$k \in \mathbb{Z}_+$有

$$w_{k+l} = u_k w_{l+1} - Bu_{k-1} w_l \ (l = 0, 1, 2, \cdots). \tag{1.2.23}$$

由于$u_0 = 0, u_1 = 1$且$u_2 = A$, 显然(1.2.23)在$k = 1, 2$时成立. 任给整数$k \geqslant 2$与$l \in \mathbb{N}$, 如果对$m = 1, \cdots, k$已有

$$w_{m+l} = u_m w_{l+1} - Bu_{m-1} w_l,$$

则

$$
\begin{aligned}
w_{(k+1)+l} &= Aw_{k+l} - Bw_{(k-1)+l} \\
&= A(u_k w_{l+1} - Bu_{k-1} w_l) - B(u_{k-1} w_{l+1} - Bu_{k-2} w_l) \\
&= (Au_k - Bu_{k-1})w_{l+1} - B(Au_{k-1} - Bu_{k-2})w_l = Au_{k+1} w_{l+1} - Bu_k w_l.
\end{aligned}
$$

这样我们就归纳证明了(1.2.23)对任何$k \in \mathbb{Z}_+$成立.

现在令$n \in \mathbb{N}$, 并假设(1.2.21)对任何$k \in \mathbb{Z}_+$与$l \in \mathbb{N}$成立. 任给$k \in \mathbb{Z}_+$与$l \in \mathbb{N}$, 利用归纳假设与(1.2.23)得

$$
\begin{aligned}
w_{k(n+1)+l} = w_{kn+(k+l)} &= \sum_{j=0}^{n} \binom{n}{j} (-Bu_{k-1})^{n-j} u_k^j w_{k+l+j} \\
&= \sum_{j=0}^{n} \binom{n}{j} (-Bu_{k-1})^{n-j} u_k^j (u_k w_{l+j+1} - Bu_{k-1} w_{l+j}),
\end{aligned}
$$

于是

$$w_{k(n+1)+l} = u_k^{n+1}w_{l+n+1} + \sum_{j=1}^{n}\binom{n}{j-1}(-Bu_{k-1})^{n+1-j}u_k^j w_{l+j}$$

$$+ \sum_{j=1}^{n}\binom{n}{j}(-Bu_{k-1})^{n+1-j}u_k^j w_{l+j} + (-Bu_{k-1})^{n+1}w_l$$

$$= \sum_{j=0}^{n+1}\binom{n+1}{j}(-Bu_{k-1})^{n+1-j}u_k^j w_{l+j}.$$

综上, 定理1.2.10得证.

推论1.2.9. 任给 $n \in \mathbb{N}$, 我们有

$$F_{2n} = \sum_{j=0}^{n}\binom{n}{j}F_j, \quad F_{2n+1} = \sum_{j=0}^{n}\binom{n}{j}F_{j+1}, \tag{1.2.24}$$

$$L_{2n} = \sum_{j=0}^{n}\binom{n}{j}L_j, \quad L_{2n+1} = \sum_{j=0}^{n}\binom{n}{j}L_{j+1}. \tag{1.2.25}$$

证明: 对 $A = 1$ 与 $B = -1$ 应用(1.2.22)即得.

§1.3　Lucas 序列的非负性与单调性

本节结果源于作者在1992年的博士论文[42].

定理1.3.1 (非负性). 设 $A, B \in \mathbb{R}$ 且 $\Delta = A^2 - 4B$, 则

$$u_n(A, B) \ (n \in \mathbb{N}) \ \text{都非负}$$

$$\Longleftrightarrow v_n(A, B) \ (n \in \mathbb{N}) \ \text{都非负} \tag{1.3.1}$$

$$\Longleftrightarrow A \geqslant 0 \ \text{且} \ \Delta \geqslant 0,$$

并且

$$u_n(A, B) \ (n \in \mathbb{Z}_+) \ \text{都为正数}$$

$$\Longleftrightarrow v_n(A, B) \ (n \in \mathbb{N}) \ \text{都为正数} \tag{1.3.2}$$

$$\Longleftrightarrow A > 0 \ \text{且} \ \Delta \geqslant 0.$$

证明: 为方便起见, 对 $n \in \mathbb{N}$ 把 $u_n(A, B)$ 与 $v_n(A, B)$ 分别简记为 u_n 与 v_n.

(i) 假如 $A \geqslant 0$ 且 $\Delta \geqslant 0$, 利用推论 1.2.4 知对任何 $n \in \mathbb{N}$ 有

$$u_n = \frac{1}{2^{n-1}} \sum_{0 \leqslant k < n/2} \binom{n}{2k+1} A^{n-1-2k} \Delta^k \geqslant 0$$

$$v_n = \frac{1}{2^{n-1}} \sum_{k=0}^{\lfloor n/2 \rfloor} \binom{n}{2k} A^{n-2k} \Delta^k \geqslant 0.$$

如果诸 u_n $(n \in \mathbb{N})$ 均非负, 则 $A = u_2 \geqslant 0$. 如果诸 v_n $(n \in \mathbb{N})$ 均非负, 则 $A = v_0 \geqslant 0$.

现在假设 $A \geqslant 0$ 且 $\Delta = A^2 - 4B < 0$, 则 $B > A^2/4 \geqslant 0$. 依定理 1.2.4, 对任何 $n \in \mathbb{Z}_+$ 有

$$u_n^2 - u_{n-1}u_{n+1} = B^{n-1} > 0 \quad \text{且} \quad v_n^2 - v_{n-1}v_{n+1} = -\Delta B^{n-1} > 0.$$

假如诸 u_n $(n \in \mathbb{N})$ 均非负, 则

$$u_n^2 > u_{n-1}u_{n+1} \geqslant 0 \quad (n = 1, 2, 3, \cdots),$$

并且

$$0 < \frac{u_{n+1}}{u_n} < \frac{u_n}{u_{n-1}} \quad (n = 2, 3, \cdots).$$

于是单调下降且有下界的实数列 $(u_{n+1}/u_n)_{n \geqslant 1}$ 有个极限 $\theta \in \mathbb{R}$. 而对整数 $n > 1$ 有

$$\frac{u_{n+1}}{u_n} = \frac{Au_n - Bu_{n-1}}{u_n} = A - \frac{B}{u_n/u_{n-1}},$$

取极限知 $\theta^2 - A\theta + B = 0$ (注意 $\theta = 0$ 时必定 $B = 0$), 于是一元二次方程 $x^2 - Ax + B = 0$ 有实根, 这与 $\Delta < 0$ 矛盾.

类似地, 在 $A \geqslant 0$ 且 $\Delta \geqslant 0$ 时, 假定诸 v_n $(n \in \mathbb{N})$ 非负也会导致矛盾.

综上, 我们证明了 (1.3.1).

(ii) 如果 $A = 0$, 则对任何 $n \in \mathbb{Z}_+$ 有

$$u_{2n} = -Bu_{2n-2} = \cdots = (-B)^n u_0 = 0, \ v_{2n+1} = -Bv_{2n-1} = \cdots = (-B)^n v_1 = 0.$$

现设 $A > 0$ 且 $\Delta \geqslant 0$. 根据推论 1.2.4, 对任何 $n \in \mathbb{Z}_+$ 有

$$\frac{u_n}{A^{n-1}} = \frac{1}{2^{n-1}} \sum_{0 \leqslant k < n/2} \binom{n}{2k+1} \left(\frac{\Delta}{A^2}\right)^k > 0,$$

$$\frac{v_n}{A^n} = \frac{1}{2^{n-1}} \sum_{k=0}^{\lfloor n/2 \rfloor} \binom{n}{2k} \left(\frac{\Delta}{A^2}\right)^k > 0.$$

注意 $u_0 = 0$ 且 $v_0 = 2 > 0$.

再结合已证的 (1.3.1), 我们便得 (1.3.2).

定理1.3.2 (单调性). 设$A, B \in \mathbb{R}$.

(i) 如果$B < 0$, 则

$$序列(u_n)_{n \geqslant 0}单调不减 \iff A \geqslant 1, \quad 序列(u_n)_{n \geqslant 0}严格递增 \iff A > 1,$$
$$(1.3.3)$$
$$序列(v_n)_{n \geqslant 0}单调不减 \iff A \geqslant 2, \quad 序列(v_n)_{n \geqslant 0}严格递增 \iff A > 2.$$
$$(1.3.4)$$

(ii) 如果$B > 0$, 则

$$序列(u_n)_{n \geqslant 0}单调不减$$
$$\iff 序列(u_n)_{n \geqslant 0}严格递增$$
$$\iff A \geqslant B + 1 或者 A \geqslant 2\max\{1, \sqrt{B}\},$$

而且

$$序列(v_n)_{n \geqslant 0}单调不减 \iff A \geqslant 2\max\{1, \sqrt{B}\},$$
$$序列(v_n)_{n \geqslant 0}严格递增 \iff A > 2 且 A \geqslant 2\sqrt{B}.$$

证明: 注意$u_0 = 0 < u_1 = 1, u_2 = A, v_0 = 2$且$v_1 = A$. 如果$(u_n)_{n \geqslant 0}$单调不减, 则$A \geqslant 1$. 当$(u_n)_{n \geqslant 0}$严格递增时, 必定$A > 1$. 如果$(v_n)_{n \geqslant 0}$单调不减, 则$A \geqslant 2$. 当$(v_n)_{n \geqslant 0}$严格递增时, 必定$A > 2$.

(i) 如果$A \geqslant 1$且$B < 0$, 则由定理1.3.1知诸u_n ($n \in \mathbb{Z}_+$)与诸v_n ($n \in \mathbb{N}$)都为正数, 从而

$$u_{n+1} = Au_n - Bu_{n-1} > Au_n \geqslant u_n \quad (n = 2, 3, 4, \cdots),$$

并且

$$v_{n+1} = Av_n - Bv_{n-1} > Av_n \geqslant v_n \quad (n = 1, 2, 3, \cdots).$$

因此定理1.3.2第一条成立.

(ii) 现在假定$B > 0$. 如果$(u_n)_{n \geqslant 0}$或$(v_n)_{n \geqslant 0}$单调不减, 则$A \geqslant 1$, 而且$A \geqslant 2\sqrt{B}$ (由定理1.3.1).

假设$A \geqslant 2\sqrt{B}$, 则$\Delta = A^2 - 4B \geqslant 0$. 根据定理1.3.1, 序列$(u_n)_{n \geqslant 1}$与$(v_n)_{n \geqslant 0}$各项为正数.

如果$\Delta = 0$(即$B = A^2/4$), 则依推论1.2.1知对任何$n \in \mathbb{Z}_+$有$u_n = n(A/2)^{n-1}$与$v_n = 2(A/2)^n$, 于是

$$(u_n)_{n \geqslant 0}严格递增 \iff (u_n)_{n \geqslant 0}单调不减 \iff A \geqslant 2 \iff (v_n)_{n \geqslant 0}单调不减$$

(注意$A/2 \geqslant n/(n+1)$对所有$n \in \mathbb{N}$成立当且仅当$A \geqslant 2$), 而且

$$(v_n)_{n \geqslant 0} \text{ 严格递增} \iff A > 2.$$

下设$\Delta > 0$. 令

$$\alpha = \frac{A + \sqrt{\Delta}}{2}, \quad \beta = \frac{A - \sqrt{\Delta}}{2}.$$

显然$\alpha > \beta$. 依定理1.2.2知

$$\frac{u_{n+1}}{u_n} - \alpha = \frac{\alpha^{n+1} - \beta^{n+1}}{\alpha^n - \beta^n} - \alpha = \frac{\beta^n(\alpha - \beta)}{\alpha^n - \beta^n} = \frac{\sqrt{\Delta}}{(\alpha/\beta)^n - 1}$$

与

$$\frac{v_{n+1}}{v_n} - \alpha = \frac{\alpha^{n+1} + \beta^{n+1}}{\alpha^n + \beta^n} - \alpha = \frac{\beta^n(\beta - \alpha)}{\alpha^n + \beta^n} = -\frac{\sqrt{\Delta}}{(\alpha/\beta)^n + 1}$$

都趋于0 (当$n \to +\infty$时). 根据定理1.2.4, 对任何$n \in \mathbb{Z}_+$有

$$u_n^2 - u_{n-1}u_{n+1} = B^{n-1} > 0 \ \text{且} \ v_n^2 - v_{n-1}v_{n+1} = -\Delta B^{n-1} < 0.$$

因此序列$(u_{n+1}/u_n)_{n \geqslant 1}$严格递减趋于极限$\alpha$, 序列$(v_{n+1}/v_n)_{n \geqslant 1}$严格递增趋于极限$\alpha$. 由此可见,

$$(u_n)_{n \geqslant 0} \text{ 单调不减} \iff \alpha \geqslant 1 \iff (u_n)_{n \geqslant 0} \text{ 严格递增},$$

$$(v_n)_{n \geqslant 0} \text{ 单调不减} \iff \alpha \geqslant 1 \text{且} v_1 = A \geqslant v_0 = 2,$$

而且

$$(v_n)_{n \geqslant 0} \text{ 严格递增} \iff \alpha \geqslant 1 \text{且} v_1 = A > v_0 = 2.$$

显然$A \geqslant 2$时$\alpha \geqslant 1$. 当$2 > A \geqslant 2\sqrt{B}$时,

$$\alpha \geqslant 1 \iff \Delta \geqslant (2 - A)^2 \iff A \geqslant B + 1.$$

综上, 定理1.3.2第二部分也获证.

推论1.3.1. 假设$B \geqslant 0$且$A \geqslant B + 1$, 则

$$(A - B)^n \leqslant u_{n+1}(A, B) \leqslant A^n \quad (n = 0, 1, 2, \cdots). \tag{1.3.5}$$

证明: 对$k \in \mathbb{N}$把$u_k(A, B)$简记为u_k.

$B = 0$时, 对任何$n \in \mathbb{N}$有$u_{n+1} = Au_n = \cdots = A^n u_1 = A^n$, 从而(1.3.5)成立.

下设$B > 0$. 由于$A \geqslant B + 1$, 依定理1.3.2知序列$(u_n)_{n \geqslant 0}$严格递增. 对任何$n \in \mathbb{Z}_+$, 我们有

$$(A - B)u_n \leqslant u_{n+1} = Au_n - Bu_{n-1} \leqslant Au_n.$$

注意$(A - B)u_0 = 0 < u_1 = 1 \leqslant Au_1 = A$, 对$n \in \mathbb{N}$进行归纳即得(1.3.5)中的不等式.

§1.4　Lucas 序列的同余性质

定理1.4.1 (模m的周期性). 设$A, B \in \mathbb{Z}$且$m \in \mathbb{Z}_+$. 又设

$$w_0, w_1 \in \mathbb{Z}, \quad \text{且} \quad w_{n+1} = Aw_n - Bw_{n-1} \quad (n = 1, 2, 3, \cdots).$$

(i) 如果序列$(w_n)_{n \geqslant 0}$模m有周期性(即有正整数λ使得对任何$n \in \mathbb{N}$有$w_{n+\lambda} \equiv w_n \pmod{m}$), 则$B$与$m/(w_1^2 - w_0w_2, m)$互素.

(ii) 假设$(B, m) = 1$, 则有正整数$\lambda \leqslant m^2$使得对任何$n \in \mathbb{N}$有$w_{n+\lambda} = w_n$.

证明: (i) 对任何$n \in \mathbb{Z}_+$有行列式等式

$$\begin{vmatrix} w_{n+1} & w_n \\ w_{n+2} & w_{n+1} \end{vmatrix} = \begin{vmatrix} w_n & w_{n-1} \\ w_{n+1} & w_n \end{vmatrix} \cdot \begin{vmatrix} A & 1 \\ -B & 0 \end{vmatrix} = \cdots = \begin{vmatrix} w_1 & w_0 \\ w_2 & w_1 \end{vmatrix} \cdot \begin{vmatrix} A & 1 \\ -B & 0 \end{vmatrix}^n,$$

从而

$$w_{n+1}^2 - w_n w_{n+2} = (w_1^2 - w_0 w_2)B^n \quad (n = 0, 1, 2, \cdots). \tag{1.4.1}$$

这推广了定理1.2.4. 如果有正整数λ使得对任何$n \in \mathbb{N}$有$w_{n+\lambda} \equiv w_n \pmod{m}$, 则

$$(w_1^2 - w_0 w_2)B^\lambda = w_{\lambda+1}^2 - w_\lambda w_{\lambda+2} \equiv w_1^2 - w_0 w_2 \pmod{m},$$

于是

$$B^\lambda \equiv 1 \left(\bmod \ \frac{m}{(w_1^2 - w_0 w_2, m)} \right),$$

从而$(B, m/(w_1^2 - w_0 w_2, m)) = 1$.

(ii) 考虑$m^2 + 1$个有序对

$$\langle w_i, w_{i+1} \rangle \quad (i = 0, \cdots, m^2).$$

依抽屉原理, 其中必有两个模m同余. 取最小正整数$\lambda \leqslant m^2$使得有$j \in \{0, \cdots, \lambda - 1\}$满足

$$\langle w_\lambda, w_{\lambda+1} \rangle \equiv \langle w_j, w_{j+1} \rangle \pmod{m} \quad (\text{即}w_\lambda \equiv w_j \pmod{m}\text{且}w_{\lambda+1} \equiv w_{j+1} \pmod{m}).$$

于是

$$-Bw_{j-1} = w_{j+1} - Aw_j \equiv w_{\lambda+1} - Aw_\lambda = -Bw_{\lambda-1} \pmod{m}.$$

而$(B, m) = 1$, 故有$w_{j-1} \equiv w_{\lambda-1} \pmod{m}$. 继续进行下去, 我们最后得到

$$\langle w_{\lambda-j}, w_{\lambda-j+1} \rangle \equiv \langle w_0, w_1 \rangle \pmod{m}.$$

根据λ的选取, 必定$j = 0$, 从而

$$\langle w_\lambda, w_{\lambda+1} \rangle \equiv \langle w_0, w_1 \rangle \pmod{m}.$$

由此知对任何的$n = 0, 1, 2, \cdots$都有$w_{n+\lambda} \equiv w_n \pmod{m}$.

综上, 定理1.4.1得证.

定理1.4.2 (Lucas定理). 设$A, B \in \mathbb{Z}$且$(A, B) = 1$, 对$k \in \mathbb{N}$把$u_k(A, B)$简记为u_k. 任给$m, n \in \mathbb{N}$, 我们有

$$(u_m, u_n) = |u_{(m,n)}|.$$

证明: 归纳知对任何$n \in \mathbb{N}$有$u_{n+1} \equiv A^n \pmod{B}$. 由于$(A, B) = 1$, 我们有$(u_{n+1}, B) = 1$. 依定理1.2.4,

$$u_{n+1}^2 - A u_{n+1} u_n + B u_n^2 = B^n.$$

于是$(u_n, u_{n+1}) \mid B^n$, 从而(u_n, u_{n+1})整除$(u_{n+1}, B^n) = 1$, 这表明u_n与u_{n+1}互素.

根据定理1.2.10, 对任何$n \in \mathbb{Z}_+$与$q, r \in \mathbb{N}$有

$$u_{nq+r} = \sum_{j=0}^{q} \binom{q}{j} (-B u_{n-1})^{q-j} u_n^j u_{r+j}$$

$$\equiv (-B u_{n-1})^q u_r = (u_{n+1} - A u_n)^q u_r \equiv u_{n+1}^q u_r \pmod{u_n},$$

从而

$$(u_{nq+r}, u_n) = (u_{n+1}^q u_r, u_n) = (u_r, u_n) = (u_n, u_r).$$

任给$m \in \mathbb{N}$, 显然$(u_m, u_0) = (u_m, 0) = |u_m| = |u_{(m,0)}|$.

现在令$r_0 = m$且$r_1 = n \in \mathbb{Z}_+$. 作带余除法

$$r_{i-1} = r_i q_i + r_{i+1} \quad (i = 1, \cdots, k),$$

这里$r_1 > r_2 > \cdots > r_k > r_{k+1} = 0$. 则

$$(m, n) = (r_0, r_1) = (r_1, r_2) = \cdots = (r_k, r_{k+1}) = (r_k, 0) = r_k.$$

这便是Euclid首先给出的求(m, n)的辗转相除法.

对每个$i = 1, \cdots, k$, 我们有

$$(u_{r_{i-1}}, u_{r_i}) = (u_{q_i r_i + r_{i+1}}, u_{r_i}) = (u_{r_i}, u_{r_{i+1}}).$$

因此

$$(u_m, u_n) = (u_{r_0}, u_{r_1}) = (u_{r_1}, u_{r_2}) = \cdots$$
$$= (u_{r_k}, u_{r_{k+1}}) = (u_{(m,n)}, u_0) = |u_{(m,n)}|.$$

综上, 定理1.4.2获证.

定理1.4.3. 设 $A, B \in \mathbb{Z}$ 且 $m, n \in \mathbb{N}$.

(i) 如果 $m \mid n$, 则 $u_m(A, B) \mid u_n(A, B)$.

(ii) 假设 $A \neq 0$, $(A, B) = 1$ 且 $A^2 \geqslant 4B$. 又设 $|A| = 1$ 与 $(m-2)B = 0$ 不同时成立. 则 $u_m(A, B) \mid u_n(A, B)$ 时必定 $m \mid n$.

证明: (i) 第一部分由定理1.2.9立得.

(ii) 现在来证第二部分. 归纳知

$$u_k(-A, B) = (-1)^{k-1} u_k(A, B) \ (k \in \mathbb{N}). \tag{1.4.2}$$

因此 $u_m(A, B) \mid u_n(A, B)$ 当且仅当 $u_m(|A|, B) \mid u_n(|A|, B)$. 故不妨设 $A = |A| \geqslant 1$, 于是由定理1.3.1知诸 $u_k(A, B) \ (k = 1, 2, 3, \cdots)$ 都为正整数.

对 $k \in \mathbb{N}$ 把 $u_k(A, B)$ 简记为 u_k, 并假定 $u_m \mid u_n$. 利用定理1.4.2可得

$$u_{(m,n)} = (u_m, u_n) = u_m.$$

如果 $A > 1$, 则由定理1.3.2知序列 $(u_k)_{k \geqslant 0}$ 严格递增, 于是由上式得 $(m, n) = m$, 从而 $m \mid n$.

现在假定 $A = 1$. 由条件知 $(m-2)B \neq 0$ 且 $4B \leqslant A^2 = 1$, 于是 $B < 0$, 从而对 $k \in \mathbb{Z}_+$ 有 $u_{k+2} - u_{k+1} = -Bu_k > 0$. 因此

$$u_0 = 0 < u_1 = u_2 = 1 < u_3 < u_4 < \cdots.$$

因 $(m, n) \leqslant m$ 且 $m \neq 2$, 由 $u_{(m,n)} = u_m$ 得 $(m, n) = m$, 从而 $m \mid n$.

综上, 定理1.4.3得证.

推论1.4.1. 设 $m, n \in \mathbb{N}$.

(i) 如果 $m \mid n$, 则 $F_m \mid F_n$.

(ii) 如果 $m \neq 2$ 且 $F_m \mid F_n$, 则 $m \mid n$.

证明: 对 $A = 1$ 与 $B = -1$ 应用定理1.4.3即得.

非零整数 m 在素数 p 的阶指 $\max\{a \in \mathbb{N} : p^a \mid m\}$, 记为 $\mathrm{ord}_p(m)$ 或者 $\nu_p(m)$.

定理1.4.4. 设 $A, B \in \mathbb{Z}$ 且 $(A, B) = 1$, 对 $k \in \mathbb{N}$ 把 $v_k(A, B)$ 简记为 v_k.

(i) 如果 $m, n \in \mathbb{N}$ 且 $\mathrm{ord}_2(m) = \mathrm{ord}_2(n)$, 则

$$(v_m, v_n) = |v_{(m,n)}|. \tag{1.4.3}$$

(ii) 当 $m, n \in \mathbb{N}$ 且 $\mathrm{ord}_2(m) \neq \mathrm{ord}_2(n)$ 时,

$$(v_m, v_n) = (2, v_{(m,n)}) = \begin{cases} 1 & \text{如果} 2 \mid B, \text{ 或者} 2 \nmid A \text{且} 3 \nmid (m,n), \\ 2 & \text{此外}. \end{cases} \tag{1.4.4}$$

证明: $m = n = 0$ 时, $\mathrm{ord}_2(m) = \mathrm{ord}_2(n) = +\infty$, 而且 $(v_m, v_n) = v_0 = v_{(m,n)}$.

归纳知对任何正整数 k 有 $v_k \equiv A^k \pmod{B}$. 由于 $(A, B) = 1$, 我们也有 $(v_k, B) = 1$. 因此 $2 \mid B$ 时 $2 \nmid v_k$. 如果 $2 \mid A$, 则 $2 \nmid B$, 而且由递推关系知诸 $v_0, v_1, v_2, \cdots$ 均为偶数. 在 A 与 B 均为奇数时, 归纳知

$$v_k \equiv \begin{cases} 0 \pmod{2} & \text{如果} 3 \mid k, \\ 1 \pmod{2} & \text{此外}. \end{cases}$$

因此

$$2 \nmid v_k \iff 2 \mid B \text{ 或 } (2 \nmid A \text{ 且 } 3 \nmid k).$$

由此可见, $m, n \in \mathbb{N}$ 不全为0时(1.4.4)中第二个等式成立. 注意 $m, n \in \mathbb{N}$ 中恰有一个0时(1.4.4)中第一个等式是显然的.

任给 $n \in \mathbb{Z}_+$ 与 $q, r \in \mathbb{N}$, 根据定理1.2.10有

$$v_{2nq+r} = \sum_{j=0}^{q} \binom{q}{j} (-Bu_{2n-1})^{q-j} u_{2n}^j v_{r+j}$$

$$\equiv (-Bu_{2n-1})^q v_r = (u_{2n+1} - Au_{2n})^q v_r \equiv u_{2n+1}^q v_r \pmod{u_{2n}}.$$

而 $u_{2n} = u_n v_n \equiv 0 \pmod{v_n}$, 且 $(u_{2n+1}, u_{2n}) = 1$, 故有

$$(v_{2nq+r}, v_n) = (u_{2n+1}^q v_r, v_n) = (v_r, v_n) = (v_n, v_r).$$

假设 $n, q \in \mathbb{Z}_+$ 且 $r \in \{1, \cdots, 2nq\}$. 如下定义序列 $(w_i)_{i \geqslant 0}$:

$$w_i = \begin{cases} B^i v_{r-i} & \text{如果} 0 \leqslant i < r, \\ B^r v_{i-r} & \text{如果} i \geqslant r. \end{cases}$$

注意$0 \leqslant i < r$时

$$w_{i+1} = B^{i+1}v_{r-i-1} = B^i(Bv_{r-i-1}) = B^i(Av_{r-i} - v_{r-i+1}) = Aw_i - Bw_{i-1}.$$

此外,

$$w_{r+1} = B^r v_1 = AB^r = A(2B^r) - B(B^{r-1}A) = Aw_r - Bw_{r-1},$$

而且对整数$i > r$亦有$w_{i+1} = Aw_i - Bw_{i-1}$. 应用定理1.2.10得

$$B^r v_{2nq-r} = w_{2nq} = \sum_{j=0}^{q} \binom{q}{j}(-Bu_{2n-1})^q u_{2n}^j w_j$$

$$\equiv (-Bu_{2n-1})^q w_0 = (u_{2n+1} - Au_{2n})^q v_r \pmod{u_{2n}}.$$

而$(v_n, B) = 1$, 且$u_n v_n = u_{2n}$与u_{2n+1}互素, 故有

$$(v_{2nq-r}, v_n) = (B^r v_{2nq-r}, v_n) = (u_{2n+1}^q v_r, v_n) = (v_r, v_n).$$

由以上两段, 对任何$n \in \mathbb{Z}_+, q \in \mathbb{N}$与$r \in \{0, \cdots, 2nq\}$有

$$(v_{2nq+r}, v_n) = (v_n, v_r) = (v_{2nq-r}, v_n). \tag{1.4.5}$$

下设$m, n \in \mathbb{Z}_+$. 令$r_0 = m, r_1 = n$. 作下述一系列带有绝对最小剩余的除法:

$$|r_{i-1}| = 2|r_i|q_i + r_{i+1} \quad (i = 1, \cdots, k),$$

这里$|r_1| > |r_2| > \cdots > |r_k|$, 且$r_{k+1} = 0$或者$|r_{k+1}| = |r_k|$. 则

$$(m, n) = (|r_0|, |r_1|) = (|r_1|, |r_2|) = \cdots = (|r_k|, |r_{k+1}|) = |r_k|.$$

注意$i = 1, \cdots, k$时

$$\frac{|r_{i-1}|}{(m,n)} = 2q_i\frac{|r_i|}{(m,n)} + \frac{r_{i+1}}{(m,n)} \equiv \frac{|r_{i+1}|}{(m,n)} \pmod{2},$$

因此

$$\frac{m+n}{(m,n)} = \frac{r_0}{(m,n)} + \frac{r_1}{(m,n)} \equiv \frac{r_1}{(m,n)} + \frac{r_2}{(m,n)} \equiv \cdots \equiv \frac{r_k}{(m,n)} + \frac{r_{k+1}}{(m,n)} \pmod{2}. \tag{1.4.6}$$

利用等式(1.4.5)知, 对每个$i = 1, \cdots, k$, 我们有

$$(v_{|r_{i-1}|}, v_{|r_i|}) = (v_{2q_i|r_i|+r_{i+1}}, v_{|r_i|}) = (v_{|r_i|}, v_{|r_{i+1}|}).$$

因此

$$(v_m, v_n) = (v_{|r_0|}, v_{|r_1|}) = (v_{|r_1|}, v_{|r_2|}) = \cdots = (v_{|r_k|}, v_{|r_{k+1}|}).$$

如果$\mathrm{ord}_2(m) = \mathrm{ord}_2(n)$, 则$\frac{m+n}{(m,n)}$为偶数, 从而由(1.4.6)知$r_{k+1} \neq 0$, 于是

$$(v_m, v_n) = (v_{|r_k|}, v_{|r_{k+1}|}) = (v_{|r_k|}, v_{|r_k|}) = |v_{(m,n)}|.$$

如果$\mathrm{ord}_2(m) \neq \mathrm{ord}_2(n)$, 则$\frac{m}{(m,n)}$与$\frac{n}{(m,n)}$奇偶性不同, 从而由(1.4.6)知$|r_{k+1}| \neq |r_k|$, 于是

$$(v_m, v_n) = (v_{|r_k|}, v_{|r_{k+1}|}) = (v_{|r_k|}, v_0) = (2, v_{(m,n)}).$$

综上, 定理1.4.4得证.

定理1.4.5. 设$A, B \in \mathbb{Z}$且$k, m \in \mathbb{N}$. 对$n \in \mathbb{N}$把$u_n(A,B)$简记为u_n.

(i) 如果$ku_k \mid m$, 则$u_k^2 \mid u_m$.

(ii) 假设$A \neq 0$, $(A,B) = 1$且$A^2 \geqslant 4B$, 又设$|A| = 1$与$(k-2)B = 0$不同时成立. 则$u_k^2 \mid u_m$时$ku_k \mid m$.

证明: 我们断言对任何$n \in \mathbb{Z}_+$有

$$u_{kn} \equiv nu_{k+1}^{n-1}u_k \pmod{u_k^2}. \tag{1.4.7}$$

当$k = 0$时这是显然的. 如果$k > 0$, 则依定理1.2.10知

$$u_{kn} \equiv \binom{n}{1}(-Bu_{k-1})^{n-1}u_k = n(u_{k+1} - Au_k)^{n-1}u_k \equiv nu_{k+1}^{n-1}u_k \pmod{u_k^2}.$$

(i) 显然u_k^2整除$u_0 = 0$. 假设$m > 0$且$ku_k \mid m$, 则有$n \in \mathbb{Z}_+$使得$m = kn$, 从而$u_k \mid n$. 将此与(1.4.7)相结合得$u_{kn} \equiv 0 \pmod{u_k^2}$, 亦即$u_k^2 \mid u_m$.

(ii) 假设$u_k^2 \mid u_m$, 则$u_k \mid u_m$, 从而由定理1.4.3知$k \mid m$. 显然$ku_k \mid 0$. 假设$m = kn$, 这里$n \in \mathbb{Z}_+$. 利用(1.4.7)得

$$nu_{k+1}^{n-1}u_k \equiv u_{kn} = u_m \equiv 0 \pmod{u_k^2}.$$

而$(u_k, u_{k+1}) = |u_{(k,k+1)}| = 1$(由定理1.4.2), 故有$u_k^2 \mid nu_k$, 从而$ku_k$整除$kn = m$.

综上, 定理1.4.5得证.

推论1.4.2 (Matiyasevich [20]). 任给整数$k > 2$与$m \in \mathbb{N}$, 我们有

$$kF_k \mid m \iff F_k^2 \mid F_m.$$

证明: 对 $A = 1$ 与 $B = -1$ 应用定理1.4.5即得.

设 $m, n \in \mathbb{Z}_+$ 且整数 a 与 m 互素. 如果同余式 $x^n \equiv a \pmod{m}$ 有整数解, 则称 a 为模 m 的 n 次剩余, 否则称 a 为模 m 的 n 次非剩余. 二次剩余也叫平方剩余, 二次非剩余也称为平方非剩余.

设 p 为奇素数, 整数 a 对 p 的 Legendre 符号 $\left(\frac{a}{p}\right)$ 如下定义:

$$\left(\frac{a}{p}\right) = \begin{cases} 0 & \text{如果 } p \mid a, \\ 1 & \text{如果 } a \text{ 为模} p \text{的平方剩余}, \\ -1 & \text{如果 } a \text{ 为模} p \text{的平方非剩余}. \end{cases}$$

下面陈述二次剩余理论的几个基本结果:

(1) (Euler判别条件) 对任何 $a \in \mathbb{Z}$ 有

$$a^{\frac{p-1}{2}} \equiv \left(\frac{a}{p}\right) \pmod{p}.$$

(2) 对任何 $a, b \in \mathbb{Z}$ 有

$$\left(\frac{ab}{p}\right) = \left(\frac{a}{p}\right)\left(\frac{b}{p}\right).$$

(3) 我们有

$$\left(\frac{-1}{p}\right) = (-1)^{\frac{p-1}{2}} = \begin{cases} 1 & \text{如果 } p \equiv 1 \pmod{4}, \\ -1 & \text{如果 } p \equiv -1 \pmod{4}. \end{cases}$$

(4) 我们有

$$\left(\frac{2}{p}\right) = (-1)^{\frac{p^2-1}{8}} = \begin{cases} 1 & \text{如果 } p \equiv \pm 1 \pmod{8}, \\ -1 & \text{如果 } p \equiv \pm 3 \pmod{8}. \end{cases}$$

(5) (二次互反律) 如果 q 是不同于 p 的奇素数, 则

$$\left(\frac{p}{q}\right)\left(\frac{q}{p}\right) = (-1)^{\frac{p-1}{2} \cdot \frac{q-1}{2}}.$$

定理1.4.6. 设 $A, B \in \mathbb{Z}$ 且 $\Delta = A^2 - 4B$, 又设 p 为奇素数.

(i) 我们有

$$u_p(A, B) \equiv \left(\frac{\Delta}{p}\right) \pmod{p} \text{ 且 } v_p(A, B) \equiv A \pmod{p}. \tag{1.4.8}$$

(ii) 如果$p \nmid B$, 则

$$u_{p-(\frac{\Delta}{p})}(A, B) \equiv 0 \pmod{p}. \tag{1.4.9}$$

当$p \nmid B\Delta$时,

$$v_{p-(\frac{\Delta}{p})}(A, B) \equiv 2\left(\frac{B}{p}\right)B^{\frac{1}{2}(p-(\frac{\Delta}{p}))} \equiv (B^{p-1}+1)B^{\frac{1}{2}(1-(\frac{\Delta}{p}))} \pmod{p^2}. \tag{1.4.10}$$

证明: 为方便起见, 对$n \in \mathbb{N}$我们把$u_n(A, B)$与$v_n(A, B)$分别记为u_n与v_n.

(i) 任给$k \in \{1, \cdots, p-1\}$, 因p整除$k!\binom{p}{k}$且$p \nmid k!$, 我们有$p \mid \binom{p}{k}$. 由此结合推论1.2.4, Fermat小定理与Euler判别条件, 我们得到

$$u_p \equiv 2^{p-1}u_p = \sum_{k=0}^{(p-1)/2}\binom{p}{2k+1}A^{p-1-2k}\Delta^k \equiv \Delta^{(p-1)/2} \equiv \left(\frac{\Delta}{p}\right) \pmod{p}$$

与

$$v_p \equiv 2^{p-1}v_p = \sum_{k=0}^{(p-1)/2}\binom{p}{2k}A^{p-2k}\Delta^k \equiv A^p \equiv A \pmod{p}.$$

(ii) 如果$p \mid \Delta$, 则

$$u_{p-(\frac{\Delta}{p})} = u_p \equiv \left(\frac{\Delta}{p}\right) = 0 \pmod{p}.$$

当$(\frac{\Delta}{p}) = -1$时, 利用(1.2.8)及(1.4.8)得

$$2u_{p+1} = Au_p + v_p \equiv A\left(\frac{\Delta}{p}\right) + A = 0 \pmod{p}$$

与

$$2v_{p+1} = Av_p + \Delta u_p \equiv A^2 - (A^2 - 4B) = 4B \pmod{p},$$

从而

$$u_{p-(\frac{\Delta}{p})} = u_{p+1} \equiv 0 \pmod{p} \ \text{且} \ v_{p-(\frac{\Delta}{p})} = v_{p+1} \equiv 2B = 2B^{\frac{1}{2}(1-(\frac{\Delta}{p}))} \pmod{p}.$$

假设$(\frac{\Delta}{p}) = 1$且$p \nmid B$. 利用(1.2.8)及(1.4.8)可得

$$Bu_{p-1} = Au_p - u_{p+1} = \frac{Au_p - v_p}{2} \equiv \frac{A}{2}(u_p - 1) \equiv 0 \pmod{p},$$

从而

$$u_{p-(\frac{\Delta}{p})} = u_{p-1} \equiv 0 \pmod{p}$$

并且

$$v_{p-(\frac{\Delta}{p})} = v_{p-1} = 2u_p - Au_{p-1} \equiv 2 \times 1 - A \times 0 = 2B^{\frac{1}{2}(1-(\frac{\Delta}{p}))} \pmod{p}.$$

现在假定 $p \nmid B\Delta$. 由上知

$$u_{p-(\frac{\Delta}{p})} \equiv 0 \pmod{p} \text{ 且 } v_{p-(\frac{\Delta}{p})} \equiv 2B^{\frac{1}{2}(1-(\frac{\Delta}{p}))} \equiv 2\left(\frac{B}{p}\right)B^{\frac{1}{2}(p-(\frac{\Delta}{p}))} \pmod{p}.$$

依定理1.2.3, 我们有

$$\Delta u^2_{p-(\frac{\Delta}{p})} = v^2_{p-(\frac{\Delta}{p})} - 4B^{p-(\frac{\Delta}{p})}$$

$$= \left(v_{p-(\frac{\Delta}{p})} - 2\left(\frac{B}{p}\right)B^{\frac{1}{2}(p-(\frac{\Delta}{p}))}\right)\left(v_{p-(\frac{\Delta}{p})} + 2\left(\frac{B}{p}\right)B^{\frac{1}{2}(p-(\frac{\Delta}{p}))}\right).$$

而 $u^2_{p-(\frac{\Delta}{p})} \equiv 0 \pmod{p^2}$ 且

$$v_{p-(\frac{\Delta}{p})} + 2\left(\frac{B}{p}\right)B^{\frac{1}{2}(p-(\frac{\Delta}{p}))} \equiv 4B^{\frac{1}{2}(1-(\frac{\Delta}{p}))} \not\equiv 0 \pmod{p},$$

故有

$$v_{p-(\frac{\Delta}{p})} \equiv 2\left(\frac{B}{p}\right)B^{\frac{1}{2}(p-(\frac{\Delta}{p}))} \pmod{p^2}.$$

根据Euler判别条件,

$$\left(\frac{B}{p}\right)B^{\frac{p-1}{2}} + 1 \equiv 2 \not\equiv 0 \pmod{p}.$$

于是

$$B^{p-1} - 1 = \left(\left(\frac{B}{p}\right)B^{\frac{p-1}{2}} - 1\right)\left(\left(\frac{B}{p}\right)B^{\frac{p-1}{2}} + 1\right) \equiv 2\left(\left(\frac{B}{p}\right)B^{\frac{p-1}{2}} - 1\right) \pmod{p^2},$$

因而

$$v_{p-(\frac{\Delta}{p})} \equiv 2\left(\frac{B}{p}\right)B^{\frac{p-1}{2}}B^{\frac{1}{2}(1-(\frac{\Delta}{p}))} \equiv (B^{p-1}+1)B^{\frac{1}{2}(1-(\frac{\Delta}{p}))} \pmod{p^2}.$$

综上, 定理1.4.6得证.

推论1.4.3. 设 p 为奇素数, 则

$$F_p \equiv \left(\frac{5}{p}\right) = \left(\frac{p}{5}\right) = \begin{cases} 1 & \text{如果} p \equiv \pm 1 \pmod{5}, \\ -1 & \text{如果} p \equiv \pm 2 \pmod{5}, \\ 0 & \text{如果} p = 5. \end{cases} \tag{1.4.11}$$

此外,

$$F_{p-(\frac{p}{5})} \equiv 0 \pmod{p} \text{ 且 } L_p \equiv 1 \pmod{p}. \tag{1.4.12}$$

如果$p \neq 5$, 则还有

$$L_{p-(\frac{\Delta}{p})} \equiv 2(-1)^{\frac{1}{2}(1-(\frac{p}{5}))} \pmod{p^2}. \tag{1.4.13}$$

证明: 由二次互反律可得

$$\left(\frac{5}{p}\right) = \left(\frac{p}{5}\right) = \begin{cases} 1 & \text{如果}p \equiv \pm 1 \pmod 5, \\ -1 & \text{如果}p \equiv \pm 2 \pmod 5, \\ 0 & \text{如果 } p = 5. \end{cases}$$

再对$A = 1$与$B = -1$应用定理1.4.6即得所要结果.

任给正整数m, 依定理1.4.1有正整数n使得$F_n \equiv F_0 = 0 \pmod m$, 我们把最小的这样的正整数$n$记为$n(m)$. D. D. Wall[56]于1960年系统地研究了Fibonacci数列模正整数m的周期性, 他问是否有奇素数p使得$n(p^2) = n(p)$. 对于奇素数p, 孙智宏与孙智伟[40]证明了

$$n(p^2) \neq n(p) \iff p^2 \nmid F_{p-(\frac{p}{5})}$$
$$\implies \text{Fermat方程} x^p + y^p = z^p \text{ 没有适合 } p \nmid xyz \text{ 的整数解}.$$

使得$p^2 \mid F_{p-(\frac{p}{5})}$的奇素数$p$后来被命名为Wall-Sun-Sun素数. 出于粗略的概率上的考虑, 人们倾向于认为应该有无穷多个Wall-Sun-Sun素数. 目前尚未发现任何Wall-Sun-Sun素数, 已有的搜索表明第一个Wall-Sun-Sun素数要大于$2^{64} \approx 1.84 \times 10^{19}$.

对于奇素数$p \neq 5$, 作者与R. Tauraso[54]证明了

$$\frac{F_{p-(\frac{p}{5})}}{p} \equiv \frac{1}{5} \sum_{k=1}^{p-1} \frac{(-1)^{k-1}}{k} \binom{2k}{k} \pmod{p};$$

作者[47]在2013年用如下方式决定出$F_{p-(\frac{p}{5})}$模p^3:

$$\frac{1}{2} F_{p-(\frac{p}{5})} + 1 \equiv \left(\frac{p}{5}\right) \sum_{k=0}^{(p-1)/2} \frac{\binom{2k}{k}}{(-16)^k} \pmod{p^3};$$

潘颢与作者[27]证明了作者与R. Tauraso[54]的如下猜测: 对任何$a \in \mathbb{Z}_+$有

$$\sum_{k=0}^{p^a-1} (-1)^k \binom{2k}{k} \equiv \left(\frac{p^a}{5}\right) \left(1 - 2F_{p^a-(\frac{p^a}{5})}\right) \pmod{p^3}.$$

定理1.4.7. 设 $A, B \in \mathbb{Z}$ 且 $\Delta = A^2 - 4B$, 又设奇素数 p 不整除 $B\Delta$. 则

$$u_{\frac{1}{2}(p-(\frac{\Delta}{p}))}(A, B) \equiv 0 \,(\mathrm{mod}\ p) \iff \left(\frac{B}{p}\right) = 1, \qquad (1.4.14)$$

并且

$$v_{\frac{1}{2}(p-(\frac{\Delta}{p}))}(A, B) \equiv 0 \,(\mathrm{mod}\ p) \iff \left(\frac{B}{p}\right) = -1. \qquad (1.4.15)$$

证明: 对 $n \in \mathbb{N}$ 把 $u_n(A, B)$ 与 $v_n(A, B)$ 分别记为 u_n 与 v_n. 由于 $p \nmid B\Delta$, 依定理1.2.7与(1.4.9)得

$$u_{\frac{1}{2}(p-(\frac{\Delta}{p}))}v_{\frac{1}{2}(p-(\frac{\Delta}{p}))} = u_{p-(\frac{\Delta}{p})} \equiv 0 \,(\mathrm{mod}\ p).$$

根据定理1.2.3,

$$v^2_{\frac{1}{2}(p-(\frac{\Delta}{p}))} - \Delta u^2_{\frac{1}{2}(p-(\frac{\Delta}{p}))} = 4B^{\frac{1}{2}(p-(\frac{\Delta}{p}))} \not\equiv 0 \,(\mathrm{mod}\ p).$$

因此 $u_{\frac{1}{2}(p-(\frac{\Delta}{p}))}$ 与 $v_{\frac{1}{2}(p-(\frac{\Delta}{p}))}$ 恰有一个被 p 整除.

根据定理1.2.7,

$$v_{p-(\frac{\Delta}{p})} = v^2_{\frac{1}{2}(p-(\frac{\Delta}{p}))} - 2B^{\frac{1}{2}(p-(\frac{\Delta}{p}))} = \Delta u^2_{\frac{1}{2}(p-(\frac{\Delta}{p}))} + 2B^{\frac{1}{2}(p-(\frac{\Delta}{p}))}.$$

而由(1.4.10)知

$$v_{p-(\frac{\Delta}{p})} \equiv 2\left(\frac{B}{p}\right)B^{\frac{1}{2}(p-(\frac{\Delta}{p}))} \,(\mathrm{mod}\ p^2),$$

故有(1.4.14)与(1.4.15).

推论1.4.4. (i) 对于奇素数 $p \neq 5$, 我们有

$$F_{\frac{1}{2}(p-(\frac{p}{5}))} \equiv 0 \,(\mathrm{mod}\ p) \iff p \equiv 1 \,(\mathrm{mod}\ 4),$$

$$L_{\frac{1}{2}(p-(\frac{p}{5}))} \equiv 0 \,(\mathrm{mod}\ p) \iff p \equiv 3 \,(\mathrm{mod}\ 4).$$

(ii) 任给奇素数 p, 我们有

$$P_{\frac{1}{2}(p-(\frac{2}{p}))} \equiv 0 \,(\mathrm{mod}\ p) \iff p \equiv 1 \,(\mathrm{mod}\ 4),$$

$$Q_{\frac{1}{2}(p-(\frac{2}{p}))} \equiv 0 \,(\mathrm{mod}\ p) \iff p \equiv 3 \,(\mathrm{mod}\ 4).$$

(iii) 对任何素数 $p > 3$, 我们有

$$S_{\frac{1}{2}(p-(\frac{3}{p}))} \equiv 0 \,(\mathrm{mod}\ p).$$

证明: 应用定理1.4.7立得.

对于素数$p > 5$, 孙智宏与孙智伟[40]确定出$F_{\frac{p\pm1}{2}}$与$L_{\frac{p\pm1}{2}}$模p^2, 例如: $p \equiv 1 \pmod 4$时

$$L_{\frac{1}{2}(p-(\frac{p}{5}))} \equiv (-1)^{\lfloor \frac{p-5}{10} \rfloor} \left(\frac{p}{5}\right) 5^{\frac{p-1}{4}} \left(\frac{5^{p-1}-1}{2} - 2\right) \pmod{p^2},$$

$p \equiv 3 \pmod 4$时

$$F_{\frac{1}{2}(p-(\frac{p}{5}))} \equiv (-1)^{\lfloor \frac{p-5}{10} \rfloor} \left(\frac{p}{5}\right) 5^{\frac{p-3}{4}} \left(\frac{5^{p-1}-1}{2} - 2\right) \pmod{p^2}.$$

对于奇素数p, 孙智伟[45]证明了孙智宏猜测的同余式

$$\sum_{k=1}^{\frac{p-1}{2}} \frac{1}{k2^k} \equiv \sum_{k=1}^{\lfloor \frac{3}{4}p \rfloor} \frac{(-1)^{k-1}}{k} \pmod p,$$

这等价于

$$\frac{P_{p-(\frac{2}{p})}}{p} \equiv \frac{1}{2} \sum_{\frac{p}{4}<k<\frac{p}{2}} \frac{(-1)^k}{k} \pmod p$$

(参见孙智伟[46, 注记3.1]). 对于素数$p > 3$, 孙智伟[46]证明了

$$\sum_{k=1}^{\frac{p-1}{2}} \frac{3^k}{k} \equiv \sum_{k=1}^{\lfloor \frac{p}{6} \rfloor} \frac{(-1)^k}{k} \pmod p,$$

这等价于

$$\frac{S_{\frac{1}{2}(p-(\frac{3}{p}))}}{p} \equiv \frac{1}{6} \left(\frac{2}{p}\right) \sum_{\frac{p}{6}<k<\frac{p}{2}} \frac{(-1)^k}{k} \pmod p.$$

§1.5   Fibonacci多项式与Chebyshev多项式

类似于Lucas序列, 我们定义多项式序列$(u_n(x,y))_{n\geqslant 0}$与$(v_n(x,y))_{n\geqslant 0}$如下:

$$u_0(x,y) = 0, \ u_1(x,y) = 1, \ u_{n+1}(x,y) = xu_n(x,y) - yu_{n-1}(x,y) \ (n = 1,2,3,\cdots);$$

$$v_0(x,y) = 2, \ v_1(x,y) = x, \ v_{n+1}(x,y) = xv_n(x,y) - yv_{n-1}(x,y) \ (n = 1,2,3,\cdots).$$

对$n \in \mathbb{N}$归纳知$u_n(x,y)$与$v_n(x,y)$都是关于x与y的整系数多项式. 根据定理1.2.5, 对任何$n \in \mathbb{Z}_+$都有

$$u_n(x,y) = \sum_{k=0}^{\lfloor (n-1)/2 \rfloor} \binom{n-1-k}{k} x^{n-1-2k}(-y)^k \tag{1.5.1}$$

与

$$v_n(x, y) = \sum_{k=0}^{\lfloor n/2 \rfloor} \frac{n}{n-k} \binom{n-k}{k} x^{n-2k}(-y)^k. \qquad (1.5.2)$$

$n \in \mathbb{N}$ 时, $F_n(x) = u_n(x, -1)$ 与 $L_n(x) = v_n(x, -1)$ 分别叫作 Fibonacci 多项式与 Lucas 多项式. 易见

$$F_1(x) = 1, \ F_2(x) = x, \ F_3(x) = x^2 + 1, \ F_4(x) = x^3 + 2x, \ F_5(x) = x^4 + 3x^2 + 1,$$

并且

$$L_1(x) = x, \ L_2(x) = x^2 + 2, \ L_3(x) = x^3 + 3x, \ L_4(x) = x^4 + 4x^2 + 2, \ L_5(x) = x^5 + 5x^3 + 5x.$$

对任何正整数 n, 由 (1.5.1) 与 (1.5.2) 知

$$F_n(x) = \sum_{k=0}^{\lfloor (n-1)/2 \rfloor} \binom{n-1-k}{k} x^{n-1-2k} \qquad (1.5.3)$$

且

$$L_n(x) = \sum_{k=0}^{\lfloor n/2 \rfloor} \frac{n}{n-k} \binom{n-k}{k} x^{n-2k}. \qquad (1.5.4)$$

对任何正整数 n 与实数 θ, 依正余弦三角函数恒等式, 我们有

$$\cos(n\theta + \theta) = \cos\theta\cos n\theta - \sin\theta\sin n\theta = 2\cos\theta\cos n\theta - \cos(n\theta - \theta) \qquad (1.5.5)$$

与

$$\sin(n\theta + \theta) = \cos\theta\sin n\theta + \sin\theta\cos n\theta = 2\cos\theta\sin n\theta - \sin(n\theta - \theta). \qquad (1.5.6)$$

对 $n \in \mathbb{N}$ 归纳知有多项式 $T_n(x)$ 与 $U_n(x)$ 使得对任何实数 θ 都有

$$\cos n\theta = T_n(\cos\theta) \ \text{且} \ \sin((n+1)\theta) = (\sin\theta)U_n(\cos\theta).$$

诸 $T_n(x) \ (n \in \mathbb{N})$ 叫作第一类 Chebyshev 多项式, 诸 $U_n(x) \ (n \in \mathbb{N})$ 叫作第二类 Chebyshev 多项式. 熟知

$$\cos 0 = 1, \ \cos 2\theta = 2\cos^2\theta - 1, \ \sin 2\theta = 2\sin\theta\cos\theta,$$

并且

$$\sin 3\theta = \sin 2\theta\cos\theta + \cos 2\theta\sin\theta = (\sin\theta)(2\cos^2\theta + 2\cos^2\theta - 1).$$

因此

$$T_0(x) = 1,\ T_1(x) = x,\ T_2(x) = 2x^2 - 1,$$

$$U_0(x) = 1,\ U_1(x) = 2x,\ U_2(x) = 4x^2 - 1.$$

根据(1.5.5)与(1.5.6), 对任何正整数n有

$$T_{n+1}(x) = 2xT_n(x) - T_{n-1}(x) \ \text{与} \ U_{n+1}(x) = 2xU_n(x) - U_{n-1}(x).$$

定理1.5.1. 对任何正整数n, 我们有

$$T_n(x) = \frac{n}{2} \sum_{k=0}^{\lfloor n/2 \rfloor} \frac{(-1)^k}{n-k} \binom{n-k}{k} (2x)^{n-2k} \tag{1.5.7}$$

与

$$U_n(x) = \sum_{k=0}^{\lfloor n/2 \rfloor} (-1)^k \binom{n-k}{k} (2x)^{n-2k}. \tag{1.5.8}$$

证明: 考虑到

$$2T_0(x) = 2,\ 2T_1(x) = 2x,\ T_{n+1}(x) = 2xT_n(x) - T_{n-1}(x) \ (n = 1, 2, \cdots),$$

并且

$$U_0(x) = 1,\ U_1(x) = 2x,\ U_{n+1}(x) = 2xU_n(x) - U_{n-1}(x) \ (n = 1, 2, \cdots),$$

我们有

$$2T_n(x) = v_n(2x, 1) \ \text{与} \ U_n(x) = u_{n+1}(2x, 1).$$

再应用(1.5.1)与(1.5.2), 我们便得所要的等式(1.5.7)与(1.5.8). 证毕.

【例1.5.1】依(1.5.7)知

$$T_{10}(x) = 512x^{10} - 1280x^8 + 1120x^6 - 400x^4 + 50x^2 - 1,$$

从而对任何实数θ有

$$\cos 10\theta = 512\cos^{10}\theta - 1280\cos^8\theta + 1120\cos^6\theta - 400\cos^4\theta + 50\cos^2\theta - 1.$$

定理1.5.2. 对任何正整数n, 我们有

$$T_n(x) = 2^{n-1} \prod_{k=1}^{n} \left(x - \cos \frac{2k-1}{2n} \pi \right) \tag{1.5.9}$$

与

$$U_n(x) = 2^n \prod_{k=1}^{n} \left(x - \cos \frac{k\pi}{n+1} \right). \tag{1.5.10}$$

证明: 根据(1.5.7)与(1.5.8), $T_n(x)$与$U_n(x)$都是n次多项式, 且其首项系数分别为2^{n-1}与2^n. 对于$k \in \{1, \cdots, n\}$, 显然有

$$T_n \left(\cos \frac{2k-1}{2n} \pi \right) = \cos \frac{2k-1}{2} \pi = 0 \ \ \text{与} \ \ U_n \left(\cos \frac{k\pi}{n+1} \right) = \frac{\sin k\pi}{\sin \frac{k\pi}{n+1}} = 0.$$

于是$\cos \frac{2k-1}{2n}\pi \ (k = 1, \cdots, n)$ 给出多项式$T_n(x)$的n个不同零点, 而且$\cos \frac{k\pi}{n+1}\pi \ (k = 1, \cdots, n)$ 给出多项式$U_n(x)$的n个不同零点. 因此(1.5.9)与(1.5.10)成立.

第2章　Diophantus 方程与 Diophantus 表示

公元前三世纪的古希腊数学家 Diophantus 在其名著《算术》(*Arithmetica*)中系统讨论了代数方程的整数解问题, 涉及求整数解的方程现在统称为 Diophantus 方程.

§2.1　Lagrange 四平方和定理

Diophantus 在其十三册著作《算术》中给出了把正整数表示成四个整数平方和的几个例子, 例如: 7可表示成$2^2+1^2+1^2+1^2$, 但7不能写成三个整数的平方和. 法国人Bachet在1621年把此书译成拉丁文, 并根据那几个例子加注释, 明确陈述出下述一般断言: 每个自然数都是四个整数的平方和.

十八世纪数学大师 Euler 是第一个认真尝试证明上述断言的人, 他贡献了两个关键的引理.

引理2.1.1 (Euler 四平方和恒等式). 我们有

$$(x_1^2 + x_2^2 + x_3^2 + x_4^2)(y_1^2 + y_2^2 + y_3^2 + y_4^2) = z_1^2 + z_2^2 + z_3^2 + z_4^2, \tag{2.1.1}$$

其中

$$\begin{cases} z_1 = x_1y_1 + x_2y_2 + x_3y_3 + x_4y_4, \\ z_2 = x_1y_2 - x_2y_1 - x_3y_4 + x_4y_3, \\ z_3 = x_1y_3 - x_3y_1 + x_2y_4 - x_4y_2, \\ z_4 = x_1y_4 - x_4y_1 - x_2y_3 + x_3y_2. \end{cases} \tag{2.1.2}$$

证明: 依行列式的乘法, 我们有

$$\begin{vmatrix} x_1 + x_2\,\mathrm{i} & x_3 - x_4\,\mathrm{i} \\ -x_3 - x_4\,\mathrm{i} & x_1 - x_2\,\mathrm{i} \end{vmatrix} \cdot \begin{vmatrix} y_1 - y_2\,\mathrm{i} & -y_3 + y_4\,\mathrm{i} \\ y_3 + y_4\,\mathrm{i} & y_1 + y_2\,\mathrm{i} \end{vmatrix} = \begin{vmatrix} z_1 - z_2\,\mathrm{i} & -z_3 + z_4\,\mathrm{i} \\ z_3 + z_4\,\mathrm{i} & z_1 + z_2\,\mathrm{i} \end{vmatrix}.$$

上式中三个行列式的值依次为

$$x_1^2 + x_2^2 + x_3^2 + x_4^2,\ y_1^2 + y_2^2 + y_3^2 + y_4^2,\ z_1^2 + z_2^2 + z_3^2 + z_4^2,$$

故(2.1.1)成立.

Euler 在1748年5月4日写给 Goldbach 的信中陈述了自己的四平方和恒等式. 虽然可通过展开直接验证此恒等式, 但发现它并不容易. 根据Euler的四平方和恒等式, 集合

$$\{x_1^2 + x_2^2 + x_3^2 + x_4^2 : x_1, x_2, x_3, x_4 \in \mathbb{Z}\}$$

对乘法封闭.

引理2.1.2. 设p为奇素数, 则有正整数$m < p$使得pm可表示成$x^2 + y^2 + 1$, 其中$x, y \in \mathbb{Z}$.

证明: 对$x \in \mathbb{Z}$写$x = pq + r$, 这里$q, r \in \mathbb{Z}$且$|r| \leqslant \frac{p-1}{2}$. 于是$x^2 \equiv r^2 \pmod{p}$. 因此平方数与

$$0^2, 1^2, \cdots, \left(\frac{p-1}{2}\right)^2 \tag{2.1.3}$$

之一模p同余.

当$0 \leqslant s < t \leqslant \frac{p-1}{2}$时, $1 \leqslant t \pm s \leqslant p - 1$, 从而$t^2 - s^2 = (t - s)(t + s) \not\equiv 0 \pmod{p}$. 因此(2.1.3)中$\frac{p+1}{2}$个数模$p$两两不同余.

依上面推理, 平方数模p的最小非负余数共有$\frac{p+1}{2}$个, $0, 1, \cdots, p-1$中不与平方数模p同余的数共有$\frac{p-1}{2}$个. 于是$\frac{p+1}{2}$个数

$$-1 - 0^2, -1 - 1^2, \cdots, -1 - \left(\frac{p-1}{2}\right)^2$$

中必有一个与某平方数模p同余, 即有$x, y \in \{0, 1, \cdots, \frac{p-1}{2}\}$使得$-1 - x^2 \equiv y^2 \pmod{p}$. 写$x^2 + y^2 + 1 = pm$, 这里$m \in \mathbb{Z}_+$. 由于

$$pm = x^2 + y^2 + 1 < \left(\frac{p}{2}\right)^2 + \left(\frac{p}{2}\right)^2 + 1 = \frac{p^2}{2} + 1 < p^2,$$

必定$m < p$. 这便结束了引理2.1.2的证明.

在 Euler 多年工作的基础上, Lagrange 于1770年最终证明了下述结果.

定理2.1.1 (Lagrange 四平方和定理). *每个$n \in \mathbb{N}$都可表示成四个整数的平方和*.

证明: 显然

$$0 = 0^2 + 0^2 + 0^2 + 0^2, \quad 1 = 1^2 + 0^2 + 0^2 + 0^2, \quad 2 = 1^2 + 1^2 + 0^2 + 0^2.$$

依算术基本定理(参看孙智伟[48]), 大于1的整数可表示成有限个素数的乘积. 由Euler四平方和恒等式知, 四整数平方和乘以四整数平方和仍为四整数平方和. 因此只需再证任何奇素数p可表示成四个整数的平方和.

根据引理2.1.2, 有正整数$m < p$及$x, y \in \mathbb{Z}$使得$pm = x^2 + y^2 + 1^2 + 0^2$. 取最小的正整数$m_1$使得$pm_1$可表示成四整数平方和, 则$m_1 < p$. 我们要证$m_1 = 1$.

假设$1 < m_1 < p$, 我们要导出矛盾. 写$pm_1 = x_1^2 + x_2^2 + x_3^2 + x_4^2$, 这里$x_1, x_2, x_3, x_4 \in \mathbb{Z}$. 对$i = 1, 2, 3, 4$, 取$y_i \in \{r \in \mathbb{Z} : -\frac{m_1}{2} < r \leqslant \frac{m_1}{2}\}$使得$x_i \equiv y_i \pmod{m_1}$ (我们称这样

的y_i为x_i模m_1的绝对最小剩余). 由于

$$\sum_{i=1}^{4} y_i^2 \equiv \sum_{i=1}^{4} x_i^2 = pm_1 \equiv 0 \pmod{m_1} \ \text{且} \ \sum_{i=1}^{4} y_i^2 \leqslant \sum_{i=1}^{4} \left(\frac{m_1}{2}\right)^2 = m_1^2,$$

有自然数$m_0 \leqslant m_1$使得$y_1^2 + y_2^2 + y_3^2 + y_4^2 = m_0 m_1$.

第一种情形: $m_0 = 0$.

此时$y_1 = y_2 = y_3 = y_4 = 0$, 从而$x_1, x_2, x_3, x_4$都是$m_1$的倍数. 于是

$$pm_1 = x_1^2 + x_2^2 + x_3^2 + x_4^2 \equiv 0 \pmod{m_1^2},$$

从而$m_1 \mid p$, 这与p为素数且$1 < m_1 < p$矛盾.

第二种情形: $m_0 = m_1$.

此时

$$\sum_{i=1}^{4} y_i^2 = m_0 m_1 = m_1^2 = \left(\frac{m_1}{2}\right)^2 + \left(\frac{m_1}{2}\right)^2 + \left(\frac{m_1}{2}\right)^2 + \left(\frac{m_1}{2}\right)^2,$$

从而$y_1 = y_2 = y_3 = y_4 = \frac{m_1}{2}$且$2 \mid m_1$. 对$i = 1, 2, 3, 4$, 写$x_i = m_1 q_i + \frac{m_1}{2}$, 其中$q_i \in \mathbb{Z}$. 于是

$$pm_1 = \sum_{i=1}^{4} x_i^2 = \sum_{i=1}^{4} \left(m_1 q_i + \frac{m_1}{2}\right)^2 \equiv \sum_{i=1}^{4} \left(\frac{m_1}{2}\right)^2 = m_1^2 \equiv 0 \pmod{m_1^2},$$

从而$m_1 \mid p$, 这与p为素数且$1 < m_1 < p$矛盾.

第三种情形: $0 < m_0 < m_1$.

这时利用Euler四平方和恒等式可得

$$pm_1 \cdot m_0 m_1 = (x_1^2 + x_2^2 + x_3^2 + x_4^2)(y_1^2 + y_2^2 + y_3^2 + y_4^2) = z_1^2 + z_2^2 + z_3^2 + z_4^2,$$

其中z_1, z_2, z_3, z_4由(2.1.2)给出. 由于$i = 1, 2, 3, 4$时$x_i \equiv y_i \pmod{m_1}$, 我们有

$$z_1 = x_1 y_1 + x_2 y_2 + x_3 y_3 + x_4 y_4 \equiv x_1^2 + x_2^2 + x_3^2 + x_4^2 = pm_1 \equiv 0 \pmod{m_1},$$

$$z_2 = x_1 y_2 - x_2 y_1 - x_3 y_4 + x_4 y_3 \equiv x_1 x_2 - x_2 x_1 - x_3 x_4 + x_4 x_3 = 0 \pmod{m_1},$$

$$z_3 = x_1 y_3 - x_3 y_1 + x_2 y_4 - x_4 y_2 \equiv x_1 x_3 - x_3 x_1 + x_2 x_4 - x_4 x_2 = 0 \pmod{m_1},$$

$$z_4 = x_1 y_4 - x_4 y_1 - x_2 y_3 + x_3 y_2 \equiv x_1 x_4 - x_4 x_1 - x_2 x_3 + x_3 x_2 = 0 \pmod{m_1}.$$

因此

$$pm_0 = \left(\frac{z_1}{m_1}\right)^2 + \left(\frac{z_2}{m_1}\right)^2 + \left(\frac{z_3}{m_1}\right)^2 + \left(\frac{z_4}{m_1}\right)^2$$

为四个整数的平方和. 而 $m_0 < m_1$, 这与 m_1 的选取矛盾.

综上, 定理2.1.1得证.

Jacobi于1834年研究了正整数n表示成四个整数平方和的方法数

$$r_4(n) = |\{(x_1, x_2, x_3, x_4) \in \mathbb{Z}^4 : x_1^2 + x_2^2 + x_3^2 + x_4^2 = n\}|,$$

他证明了

$$r_4(n) = 8 \sum_{4 \nmid d | n} d.$$

对于正整数n, Jacobi还证明了

$$|\{(x, y) \in \mathbb{Z}^2 : x^2 + y^2 = n\}| = 4 \sum_{2 \nmid d | n} (-1)^{\frac{d-1}{2}}.$$

近年来孙智伟提出了四平方和定理的多种加强形式, 参见[51]的第一章. 在[49]中他证明了对于$a \in \{1, 4\}$与$k \in \{4, 5, 6\}$, 每个$n \in \mathbb{N}$可表示成$aw^k + x^2 + y^2 + z^2$, 其中$w, x, y, z \in \mathbb{N}$. 孙智伟[49]提出的1-3-5猜想断言每个$n \in \mathbb{N}$可表示成$x^2 + y^2 + z^2 + w^2$ $(x, y, z, w \in \mathbb{N})$使得$x + 3y + 5z$为平方数, 这被A. Machiavelo与N. Tsopanidis利用Hamilton四元数所证明.

下面是孙智伟提出并悬赏征解的三个猜想(参见[51, 第1章]与[50]).

猜想2.1.1 (四平方猜想, 悬赏2500美元征求证明). *每个整数$n > 1$可表示成*

$$x^2 + y^2 + (2^a 3^b)^2 + (2^c 5^d)^2 \ (其中 a, b, c, d, x, y \in \mathbb{N}).$$

猜想2.1.2 (24-猜想, 悬赏2400美元征求证明). *任何$n \in \mathbb{N}$可表示成$x^2 + y^2 + z^2 + w^2$ $(x, y, z, w \in \mathbb{N})$, 使得$x$与$x + 24y$都是平方数.*

猜想2.1.3 (三幂五幂猜想, 悬赏3500美元征求证明). *每个整数$n > 1$可表示成$a^2 + b^2 + 3^c + 5^d$, 其中$a, b, c, d \in \mathbb{N}$.*

§2.2　刻画$(u_n(A, \pm 1))_{n \geqslant 0}$与$(v_n(A, \pm 1))_{n \geqslant 0}$的二次 Diophantus 方程

为方便起见, 我们开始使用一阶逻辑语言, 包括析取词$\vee$ (或), 合取词$\wedge$ (且), 存在量词$\exists$与全称量词$\forall$.

定理2.2.1. 任给整数$A \geqslant 2$, 我们有

$$x, y \in \mathbb{N} \wedge (A^2 - 4)x^2 + 4 = y^2 \iff \exists n \in \mathbb{N}[x = u_n(A, 1) \wedge y = v_n(A, 1)]. \quad (2.2.1)$$

证明: ⇐: 假设有$n \in \mathbb{N}$使得$x = u_n(A, 1)$且$y = v_n(A, 1)$, 则$x, y \in \mathbb{Z}$. 由定理1.3.1知$x \geqslant 0$且$y \geqslant 0$. 根据定理1.2.3, $y^2 - (A^2 - 4)x^2 = 4$.

⇐: 我们对$x \in \mathbb{N}$归纳说明

$$y \in \mathbb{N} \wedge (A^2 - 4)x^2 + 4 = y^2 \Rightarrow \exists n \in \mathbb{N}\, [x = u_n(A, 1) \wedge y = v_n(A, 1)]. \qquad (2.2.2)$$

当$x = 0$时这是显然的, 因为$u_0(A, 1) = 0$且$v_0(A, 1) = 2$.

现在令$X \in \mathbb{Z}_+$且假设(2.2.2)对所有的自然数$x < X$成立. 假定$Y \in \mathbb{N}$且$(A^2 - 4)X^2 + 4 = Y^2$. 显然$Y \equiv AX \pmod 2$, $A^2 X^2 = 4(X^2 - 1) + Y^2 \geqslant Y^2$, 而且

$$A^2 Y^2 \geqslant A^2(A^2 - 4)X^2 \geqslant (A^2 - 4)^2 X^2.$$

于是

$$x = \frac{AX - Y}{2} \in \mathbb{N} \ \text{且} \ y = \frac{AY - (A^2 - 4)X}{2} = 2X - Ax \in \mathbb{N}.$$

由于$Y^2 > (A^2 - 4)X^2 \geqslant (A - 2)^2 X^2$, 我们有$x < X$. 注意

$$(A^2 - 4)x^2 + 4 - y^2 = (A^2 - 4)x^2 + 4 - (2X - Ax)^2 = 4 - 4X^2 + 2x(2AX - 2x)$$
$$= 4 - 4X^2 + (AX - Y)(AX + Y) = (A^2 - 4)X^2 + 4 - Y^2 = 0.$$

根据归纳假设, 有$n \in \mathbb{N}$使得$x = u_n(A, 1)$且$y = v_n(A, 1)$. 于是利用定理1.2.3得

$$X = \frac{Ax + y}{2} = \frac{Au_n(A, 1) + v_n(A, 1)}{2} = u_{n+1}(A, 1),$$

而且

$$Y = AX - 2x = Au_{n+1}(A, 1) - 2u_n(A, 1) = 2u_{n+2}(A, 1) - Au_{n+1}(A, 1) = v_{n+1}(A, 1).$$

综上, (2.2.2)得证.

定理2.2.2. 任给整数$A \geqslant 2$, 我们有

$$x, y \in \mathbb{N} \wedge x \leqslant y \wedge x^2 - Axy + y^2 = 1 \iff \exists n \in \mathbb{N}\, [x = u_n(A, 1) \wedge y = u_{n+1}(A, 1)]. \qquad (2.2.3)$$

证明: ⇐: 利用定理1.2.4与定理1.3.2立得.

⇒: 假设$x, y \in \mathbb{N}$满足$x \leqslant y$与$x^2 - Axy + y^2 = 1$. 由于$Ay \geqslant Ax \geqslant 2x$且$(Ay - 2x)^2 = (A^2 - 4)y^2 + 4$, 依定理2.2.1知有$k \in \mathbb{N}$使得

$$y = u_k(A, 1) \ \text{且} \ Ay - 2x = v_k(A, 1) = 2u_{k+1}(A, 1) - Au_k(A, 1),$$

从而$x = Au_k(A,1) - u_{k+1}(A,1)$. 由于$x \geqslant 0$, 我们有$k \neq 0$. 令$n = k - 1$, 则$x = u_n(A,1)$且$y = u_{n+1}(A,1)$.

综上, 定理2.2.2获证.

设$n \in \mathbb{N}$. 根据(1.2.20), 对任何$A \in \mathbb{C}$有

$$u_{2n}(A,-1) = Au_n(A^2+2,1), \quad v_{2n}(A,-1) = v_n(A^2+2,1).$$

特别地,

$$F_{2n} = u_n(3,1), \quad L_{2n} = v_n(3,1), \quad P_{2n} = 2u_n(6,1), \quad Q_{2n} = v_n(6,1). \tag{2.2.4}$$

定理2.2.3. 设$A \in \mathbb{N}$. 任给$\delta \in \{0,1\}$, 我们有

$$\begin{aligned} &x,y \in \mathbb{N} \wedge (A^2+4)x^2 + 4(-1)^\delta = y^2 \\ &\Longleftrightarrow \exists n \in \mathbb{N}\,[x = u_{2n+\delta}(A,-1) \wedge y = v_{2n+\delta}(A,-1)]. \end{aligned} \tag{2.2.5}$$

证明: $\Leftarrow$: 令$k = 2n + \delta$. 由定理1.3.1知$x = u_k(A,-1) \geqslant 0$且$y = v_k(A,-1) \geqslant 0$. 依定理1.2.3,

$$y^2 - (A^2+4)x^2 = v_k(A,-1)^2 - (A^2-4(-1))u_k(A,-1)^2 = 4(-1)^k = 4(-1)^\delta.$$

$\Rightarrow$: 先设$A = 0$. 假如$x,y \in \mathbb{N}$且$4x^2 + 4(-1)^\delta = y^2$, 则$(-1)^\delta = (\frac{y}{2}+x)(\frac{y}{2}-x)$, 从而

$$\frac{y}{2} + x = 1 \ \text{且} \ \frac{y}{2} - x = (-1)^\delta.$$

由此得

$$x = \frac{1-(-1)^\delta}{2} = u_\delta(0,1) \ \text{且} \ y = 1 + (-1)^\delta = v_\delta(0,1).$$

下设$A > 0$. 我们对$x \in \mathbb{N}$归纳来说明$\delta \in \{0,1\}$时

$$y \in \mathbb{N} \wedge y^2 = (A^2+4)x^2 + 4(-1)^\delta \Rightarrow \exists n \in \mathbb{N}\,[x = u_{2n+\delta}(A,-1) \wedge y = v_{2n+\delta}(A,-1)]. \tag{2.2.6}$$

当$x = 0$时这是显然的, 由$y \in \mathbb{N}$与$y^2 = 4(-1)^\delta$可得$\delta = 0$, $x = u_\delta(A,-1)$且$y = 2 = v_\delta(A,-1)$.

再来考虑$x = 1$的情形. 假定$y \in \mathbb{N}$且$y^2 = A^2 + 4 + 4(-1)^\delta$. 如果$\delta = 1$, 则$y^2 = A^2$, $x = u_\delta(A,-1)$且$y = A = v_\delta(A,-1)$. 如果$\delta = 0$, 则$A^2 + 8 = y^2 \geqslant (A+2)^2 = A^2 + 4(A+1)$, 从而$A = 1$, $x = F_2 = u_2(A,-1)$且$y = 3 = L_2 = v_2(A,-1)$.

现在固定整数$X > 1$, 并假设对任何自然数$x < X$及$\delta \in \{0,1\}$已有(2.2.6). 假定$\delta \in \{0,1\}$, $Y \in \mathbb{N}$且$Y^2 = (A^2 + 4)X^2 + 4(-1)^\delta$. 则$Y \equiv AX \pmod{2}$, 从而

$$x = \frac{Y - AX}{2} \quad \text{与} \quad y = \frac{(A^2 + 4)X - AY}{2} = 2X - Ax$$

都是整数. 由于$A \geqslant 1$且$X > 1$, 我们有

$$A^2 X^2 \leqslant A^2 X^2 + 4(X^2 + (-1)^\delta) = Y^2 < (A^2 + 8)X^2 \leqslant (A+2)^2 X^2$$

与

$$A^2 Y^2 < A^2(A^2 + 8)X^2 \leqslant (A^2 + 4)^2 X^2,$$

因此$0 \leqslant x < X$且$y \geqslant 0$. 注意

$$
\begin{aligned}
&y^2 - (A^2 + 4)x^2 + 4(-1)^\delta \\
&= (2X - Ax)^2 - (A^2 + 4)x^2 + 4(-1)^\delta = 4X^2 - 2x \cdot (2AX + 2x) + 4(-1)^\delta \\
&= 4X^2 - (Y - AX)(Y + AX) + 4(-1)^\delta = (A^2 + 4)X^2 - Y^2 + 4(-1)^\delta = 0,
\end{aligned}
$$

亦即

$$(A^2 + 4)x^2 + 4(-1)^{1-\delta} = y^2.$$

利用归纳假设知, 有$k \in \mathbb{N}$使得

$$x = u_{2k+1-\delta}(A, -1) \quad \text{且} \quad y = v_{2k+1-\delta}(A, -1).$$

令$n = k + 1 - \delta$. 则利用定理1.2.3得

$$
\begin{aligned}
X &= \frac{Ax + y}{2} = \frac{Au_{2k+1-\delta}(A, -1) + v_{2k+1-\delta}(A, -1)}{2} \\
&= u_{2k+2-\delta}(A, -1) = u_{2n+\delta}(A, -1),
\end{aligned}
$$

从而

$$
\begin{aligned}
Y &= AX + 2x = Au_{2n+\delta}(A, -1) + 2u_{2n-1+\delta}(A, -1) \\
&= 2u_{2n+1+\delta}(A, -1) - Au_{2n+\delta}(A, -1) = v_{2n+\delta}(A, -1).
\end{aligned}
$$

综上, 定理2.2.3得证.

易见定理2.2.3有下述推论.

推论2.2.1. 任给 $A \in \mathbb{N}$, 我们有

$$x, y \in \mathbb{N} \wedge |(A^2 + 4)x^2 - y^2| = 4$$
$$\Longleftrightarrow \exists n \in \mathbb{N}\,[x = u_n(A, -1) \wedge y = v_n(A, -1)]. \tag{2.2.7}$$

设 $A \in \mathbb{Z}$. 我们按如下方式把Lucas序列 $u_n = u_n(A, -1)$ 与 $v_n = v_n(A, -1)$ 从自然数下标扩展到整数下标:

$$u_0 = 0,\ u_1 = 1,\ u_{n+1} - u_{n-1} = Au_n\ (n = 0, \pm 1, \pm 2, \cdots);$$
$$v_0 = 2,\ v_1 = A,\ v_{n+1} - v_{n-1} = Av_n\ (n = 0, \pm 1, \pm 2, \cdots).$$

例如:

$$F_{-1} = F_1 - F_0 = 1,\ F_{-2} = F_0 - F_{-1} = -1,\ F_{-3} = F_{-1} - F_{-2} = 2,\ \cdots;$$
$$L_{-1} = L_1 - L_0 = -1,\ L_{-2} = L_0 - L_{-1} = 3,\ L_{-3} = L_{-1} - L_{-2} = -4,\ \cdots.$$

定理2.2.4. 设 $A \in \mathbb{N}$. 则

$$x, y \in \mathbb{N} \wedge y^2 - Axy - x^2 = 1$$
$$\Longleftrightarrow \exists n \in \mathbb{N}\,[x = u_{2n}(A, -1) \wedge y = u_{2n+1}(A, -1)], \tag{2.2.8}$$

而且

$$x, y \in \mathbb{N} \wedge y^2 - Axy - x^2 = -1$$
$$\Longleftrightarrow \exists n \in \mathbb{N}\,[x = u_{2n-1}(A, -1) \wedge y = u_{2n}(A, -1)]. \tag{2.2.9}$$

证明: 根据定理1.3.1, 诸 $u_n = u_n(A, -1)$ 与 $v_n = v_n(A, -1)$ $(n \in \mathbb{N})$ 都非负, $A > 0$时诸 u_n $(n \in \mathbb{Z}_+)$ 都是正数. 显然 $u_{-1} = u_1 - Au_0 = 1$. 任给 $n, y \in \mathbb{N}$, 利用定理1.2.3知

$$|2y - Au_n| = v_n$$
$$\Longleftrightarrow 2y = Au_n + v_n = 2u_{n+1}$$
$$\vee\ 2y = Au_n - v_n = Au_n - (2u_{n+1} - Au_n) = -2u_{n-1}$$
$$\Longleftrightarrow y = u_{n+1} \vee (n = 1 \wedge y = 0).$$

(注意 $A = 0$ 且 $y = -u_{n-1} \geqslant 0$ 时 $u_{n+1} = 0u_n + u_{n-1} = 0 = y$.) 因此, 对于 $\delta \in \{0, 1\}$, 利

用定理2.2.3我们得到

$$x, y \in \mathbb{N} \wedge y^2 - Axy - x^2 = (-1)^\delta$$
$$\Longleftrightarrow x, y \in \mathbb{N} \wedge (2y - Ax)^2 = (A^2 + 4)x^2 + 4(-1)^\delta$$
$$\Longleftrightarrow y \in \mathbb{N} \wedge \exists k \in \mathbb{N}\, [x = u_{2k+\delta} \wedge |2y - Ax| = v_{2k+\delta}]$$
$$\Longleftrightarrow \exists k \in \mathbb{N}\, [x = u_{2k+\delta} \wedge (y = u_{2k+1+\delta} \vee (2k + \delta = 1 \wedge y = 0))]$$
$$\Longleftrightarrow \exists k \in \mathbb{N}\, [x = u_{2k+\delta} \wedge y = u_{2k+\delta+1}] \vee (\delta = 1 \wedge x = 1 \wedge y = 0).$$

注意, $\delta = 1$时$x = 1 \wedge y = 0$等价于$x = u_{-1} \wedge y = u_0$. 因此(2.2.8)与(2.2.9) 都成立.

　　易见定理2.2.4有下述推论.

推论2.2.2. 任给$A \in \mathbb{N}$, 我们有

$$x, y \in \mathbb{N} \wedge (y^2 - Axy - x^2)^2 = 1$$
$$\Longleftrightarrow \exists n \in \mathbb{N}\, [x = u_{n-1}(A, -1) \wedge y = u_n(A, -1)]. \tag{2.2.10}$$

§2.3　Pell方程

　　组合中的抽屉原理(又称鸽笼原理)断言把$n+1$个物体放入n个抽屉中后必有一个抽屉包含至少两个物体. 此原理在数学上的首次使用出现于Dirichlet下述结果的证明中.

引理2.3.1 (Dirichlet). 任给无理数θ, 有无穷多个既约有理数$\frac{x}{y}$ (其中$x \in \mathbb{Z}$, $y \in \mathbb{Z}_+$ 且$(x, y) = 1$) 使得

$$\left| \theta - \frac{x}{y} \right| < \frac{1}{y^2}.$$

证明: 任给一个正整数n_0, 区间$[0, 1)$是n个两两不相交的长为$\frac{1}{n}$ 的小区间

$$\left[0, \frac{1}{n_0}\right), \quad \left[\frac{1}{n_0}, \frac{2}{n_0}\right), \quad \cdots, \quad \left[\frac{n_0 - 1}{n_0}, 1\right)$$

的并. 对实数α, 我们称$\{\alpha\} = \alpha - \lfloor \alpha \rfloor$为$\alpha$的小数部分. 注意$0, \{\theta\}, \cdots, \{n_0\theta\}$落入上述$n_0$个小区间中, 依抽屉原理有$0 \leqslant k < l \leqslant n_0$ 使得$\{k\theta\}$与$\{l\theta\}$落入同一个小区间中. 于是

$$|l\theta - \lfloor l\theta \rfloor - (k\theta - \lfloor k\theta \rfloor)| = |\{l\theta\} - \{k\theta\}| < \frac{1}{n_0},$$

亦即

$$\left| \theta - \frac{\lfloor l\theta \rfloor - \lfloor k\theta \rfloor}{l - k} \right| < \frac{1}{n_0(l - k)}.$$

令

$$x_0 = \frac{\lfloor l\theta \rfloor - \lfloor k\theta \rfloor}{\gcd(l-k, \lfloor l\theta \rfloor - \lfloor k\theta \rfloor)}, \quad y_0 = \frac{l-k}{\gcd(l-k, \lfloor l\theta \rfloor - \lfloor k\theta \rfloor)}.$$

则 $\gcd(x_0, y_0) = 1, 0 < y_0 \leqslant l-k \leqslant n_0$, 而且

$$\left| \theta - \frac{x_0}{y_0} \right| < \frac{1}{n_0(l-k)} \leqslant \frac{1}{n_0 y_0} \leqslant \frac{1}{y_0^2}.$$

取正整数

$$n_1 > \frac{1}{\left| \theta - \frac{x_0}{y_0} \right|}.$$

依上法, 又有既约有理数 $\frac{x_1}{y_1}$ (其中 $x_1 \in \mathbb{Z}, y_1 \in \mathbb{Z}_+$ 且 $\gcd(x_1, y_1) = 1$), 使得

$$\left| \theta - \frac{x_1}{y_1} \right| < \frac{1}{n_1 y_1} \leqslant \frac{1}{y_1^2}.$$

再取正整数

$$n_2 > \frac{1}{\left| \theta - \frac{x_1}{y_1} \right|}$$

与既约有理数 $\frac{x_2}{y_2}$ (其中 $x_2 \in \mathbb{Z}, y_2 \in \mathbb{Z}_+$ 且 $\gcd(x_2, y_2) = 1$), 使得

$$\left| \theta - \frac{x_2}{y_2} \right| < \frac{1}{n_2 y_2} \leqslant \frac{1}{y_2^2}.$$

注意

$$\left| \theta - \frac{x_0}{y_0} \right| > \frac{1}{n_1} > \left| \theta - \frac{x_1}{y_1} \right| > \frac{1}{n_2} > \left| \theta - \frac{x_2}{y_2} \right|.$$

继续进行下去, 我们就找到了无穷多对既约有理数

$$\frac{x_0}{y_0}, \frac{x_1}{y_1}, \frac{x_2}{y_2}, \cdots$$

使得对 $i = 0, 1, 2, \cdots$ 都有

$$\left| \theta - \frac{x_i}{y_i} \right| < \frac{1}{y_i^2} \text{ 且 } \left| \theta - \frac{x_i}{y_i} \right| > \left| \theta - \frac{x_{i+1}}{y_{i+1}} \right|.$$

这便结束了我们的证明.

引理 2.3.1 是关于 Diophantus 逼近的第一个基本结果.

引理 2.3.2. 对任何 $d \in \mathbb{Z}$, 我们有恒等式

$$(u^2 - dv^2)(x^2 - dy^2) = (ux + dvy)^2 - d(uy + vx)^2.$$

证明: 显然

$$(u^2 - dv^2)(x^2 - dy^2) = (ux)^2 + (dvy)^2 - d((uy)^2 + (vx)^2) = (ux + dxy)^2 - d(uy + vx)^2.$$

对于不是平方数的正整数d, 方程

$$x^2 - dy^2 = 1 \ (x, y \in \mathbb{Z}) \tag{2.3.1}$$

叫作Pell方程, 这个命名源自Euler, 但与Pell没什么关系. 显然(2.3.1)有平凡解$(x, y) = (\pm 1, 0)$.

定理2.3.1. 设$d \in \mathbb{Z}_+$不是完全平方.

(i) Pell方程(2.3.1) 有无穷多组解.

(ii) 如果集合$\{x + y\sqrt{d} > 1 : x, y \in \mathbb{Z} \wedge x^2 - dy^2 = 1\}$的最小元为$x_1 + y_1\sqrt{d}$ (其中$x_1, y_1 \in \mathbb{Z}$且$x_1^2 - dy_1^2 = 1$), 则$x^2 - dy^2 = 1$的全部整数解为$\pm(x_n, y_n)$ ($n \in \mathbb{Z}$), 这里$x_n, y_n \in \mathbb{Z}$由

$$(x_1 + y_1\sqrt{d})^n = x_n + y_n\sqrt{d}$$

给出.

证明: (i) 先证定理2.3.1的第一部分. 依引理2.3.1, 有无穷多个有序对$(x, y) \in \mathbb{Z} \times \mathbb{Z}_+$ 使得

$$\left| \sqrt{d} - \frac{x}{y} \right| < \frac{1}{y^2}, \ \text{即} \ |x - \sqrt{d}\, y| < \frac{1}{y},$$

于是

$$|x^2 - dy^2| = |x - \sqrt{d}\, y| \cdot |(x - \sqrt{d}\, y) + 2\sqrt{d}\, y| < \frac{1}{y}\left(\frac{1}{y} + 2\sqrt{d}\, y\right) \leqslant 2\sqrt{d} + 1.$$

因此有整数m使得$|m| < 2\sqrt{d} + 1$且方程$x^2 - dy^2 = m$有无穷多组整数解. 由于$\sqrt{d}$不是有理数, m不等于0. 对每个$x \in \mathbb{Z}$至多有两个整数y适合$x^2 - dy^2 = m$, 故集合

$$S = \{x \in \mathbb{Z}_+ : \exists y \in \mathbb{Z}_+ \ (x^2 - dy^2 = m)\}$$

是无穷集.

因S为无穷集, 故有自然数$a < |m|$使得集合

$$S_a = \{x \in S : x \equiv a \ (\mathrm{mod}\ m)\}$$

为无穷集. 于是

$$T_a = \{y \in \mathbb{Z}_+ : \exists x \in S_a \ (x^2 - dy^2 = m)\}$$

也是无穷集, 从而有自然数 $b < |m|$ 使得

$$T_{a,b} = \{y \in T_a : y \equiv b \,(\mathrm{mod}\, m)\}$$

为无穷集.

取无穷集 $T_{a,b}$ 中不同的两个正整数 y_1 与 y_2, 则有 $x_1, x_2 \in \mathbb{Z}_+$ 使得

$$x_1 \equiv a \equiv x_2 \,(\mathrm{mod}\, m) \text{ 且 } x_1^2 - dy_1^2 = m = x_2^2 - dy_2^2.$$

由于 $y_1 \neq y_2$, 我们有 $x_1 \neq x_2$.

对 $\gamma = x + y\sqrt{d} \in \mathbb{Q}(\sqrt{d})$ (其中 $x, y \in \mathbb{Q}$), 我们定义

$$\gamma' = x - y\sqrt{d} \text{ 与 } N(\gamma) = \gamma\gamma' = x^2 - dy^2.$$

让 $\alpha = x_1 - y_1\sqrt{d}$, $\beta = x_2 - y_2\sqrt{d}$, 则

$$\alpha\beta' = (x_1 - y_1\sqrt{d})(x_2 + y_2\sqrt{d}) = (x_1 x_2 - dy_1 y_2) + (x_1 y_2 - x_2 y_1)\sqrt{d}.$$

注意

$$x_1 x_2 - dy_1 y_2 \equiv x_1^2 - dy_1^2 = m \equiv 0 \,(\mathrm{mod}\, m)$$

并且

$$x_1 y_2 - x_2 y_1 \equiv x_1 y_1 - x_1 y_1 = 0 \,(\mathrm{mod}\, m).$$

故有 $u, v \in \mathbb{Z}$ 使得 $\alpha\beta' = mu + mv\sqrt{d}$. 利用引理2.3.2得

$$(mu)^2 - d(mv)^2 = N(\alpha\beta') = N(\alpha)N(\beta') = (x_1^2 - dy_1^2)(x_2^2 - dy_2^2) = m^2,$$

从而 $u^2 - dv^2 = 1$. 如果 $v = 0$, 则 $u = \pm 1$, $\alpha\beta' = \pm m \neq 0$, 从而 $\alpha = \pm\beta$ (因为 $N(\beta) = x_2^2 - dy_2^2 = m$), 这与 $x_1 \neq \pm x_2$ 矛盾. 因此 $v \neq 0$.

根据上面推理, 方程 $x^2 - dy^2 = 1$ 有适合 $x > 0$ 与 $y > 0$ 的整数解, 对这种解显然 $x + y\sqrt{d} \geqslant 0 + \sqrt{d} > 1$. 如果 $x, y \in \mathbb{Z}$ 满足 $x^2 - dy^2 = 1$ 与 $x + y\sqrt{d} > 1$, 则

$$x - y\sqrt{d} = \frac{1}{x + y\sqrt{d}} < 1 < x + y\sqrt{d},$$

从而 $y > 0$ 而且

$$x = y\sqrt{d} + \frac{1}{x + y\sqrt{d}} > 0.$$

因此

$$\{x+y\sqrt{d}>1:\ x,y\in\mathbb{Z}\ \wedge\ x^2-dy^2=1\}=\{x+y\sqrt{d}:x,y\in\mathbb{Z}_+\ \wedge\ x^2-dy^2=1\}.$$

$$(2.3.2)$$

这个非空集是无穷集, 因为 $x+y\sqrt{d}$ 属于它时诸 $(x+y\sqrt{d})^n$ $(n=1,2,3,\cdots)$ 也属于它(利用引理2.3.2). 这就证明了方程(2.3.1)有无穷多组解.

(ii) 现在来证定理2.3.1的第二部分. 令

$$x_1=\min\{x\in\mathbb{Z}_+:\ \exists y\in\mathbb{Z}_+(x^2-dy^2=1)\},$$

并设 $y_1\in\mathbb{Z}_+$ 且 $x_1^2-dy_1^2=1$. 如果 $x,y\in\mathbb{Z}_+$ 且 $x^2-dy^2=1$, 则 $x_1\leqslant x$, $dy_1^2=x_1^2-1\leqslant x^2-1=dy^2$, 从而 $x_1+y_1\sqrt{d}\leqslant x+y\sqrt{d}$. 因此 $\gamma=x_1+y_1\sqrt{d}$ 是(2.3.2)中那个非空集合的最小元.

假设 $s,t\in\mathbb{Z}_+$ 且 $s^2-dt^2=1$, 则 $\eta=s+t\sqrt{d}\geqslant\gamma$, 于是有唯一的 $n\in\mathbb{Z}_+$ 使得 $\gamma^n\leqslant\eta<\gamma^{n+1}$, 从而

$$1\leqslant(\gamma')^n\eta=\frac{\eta}{\gamma^n}<\gamma.$$

写 $(\gamma')^n\eta=A+B\sqrt{d}$, 这里 $A,B\in\mathbb{Z}$. 由于

$$N(A+B\sqrt{d})=N(\gamma')^nN(\eta)=1^n\cdot1=1,$$

我们有 $A^2-dB^2=1$. 而 $1\leqslant A+B\sqrt{d}<\gamma$, 依 γ 的选取知 $A+B\sqrt{d}=1$, 从而 $\eta=\gamma^n$. 注意

$$\pm1+0\sqrt{d}=\pm\gamma^0,\ s-t\sqrt{d}=\frac{1}{s+t\sqrt{d}}=\gamma^{-n},\ -s-t\sqrt{d}=-\gamma^n,\ -s+t\sqrt{d}=-\gamma^{-n}.$$

因此

$$\{s+t\sqrt{d}:\ s,t\in\mathbb{Z}\wedge s^2-dt^2=1\}=\{\pm\gamma^n:\ n\in\mathbb{Z}\}.$$

对 $n\in\mathbb{Z}$, 写 $\gamma^n=x_n+y_n\sqrt{d}$, 其中 $x_n,y_n\in\mathbb{Z}$. 则

$$\{(s,t)\in\mathbb{Z}^2:\ s^2-dt^2=1\}=\{\pm(x_n,y_n):\ n\in\mathbb{Z}\}.$$

至此, 定理2.3.1获证.

§2.4　Diophantus 集与 Diophantus 关系

对于自然数 $\mathbb{N}$ 的子集 A, 如果有多项式 $P(x_0, x_1, \cdots, x_n) \in \mathbb{Z}[x_0, x_1, \cdots, x_n]$ 使得对任何 $a \in \mathbb{N}$ 都有

$$a \in A \iff \exists x_1 \in \mathbb{N} \cdots \exists x_n \in \mathbb{N}\,[P(a, x_1, \cdots, x_n) = 0], \tag{2.4.1}$$

我们就称 A 为 Diophantus 集(Diophantine set), 并说 (2.4.1) 为 A 的一个 Diophantus 表示(Diophantine representation). 类似地, $\mathbb{N}$ 上的 m 元关系 R, 如果有整系数多项式

$$P(t_1, \cdots, t_m, x_1, \cdots, x_n)$$

使得对任何 $a_1, \cdots, a_m \in \mathbb{N}$ 都有

$$R(a_1, \cdots, a_m) \iff \exists x_1 \in \mathbb{N} \cdots \exists x_n \in \mathbb{N}\,[P(a_1, \cdots, a_m, x_1, \cdots, x_n) = 0], \tag{2.4.2}$$

我们就称 R 为 Diophantus 关系(Diophantine relation), 并说 (2.4.2) 为 R 的一个 Diophantus 表示.

例如:平方数集合 $\square$ 为 Diophantus 集, 因为对 $a \in \mathbb{N}$ 有 $a \in \square \iff \exists x \in \mathbb{N}[x^2 - a = 0]$. 又如: $\mathbb{N}$ 上的 "$\leqslant$" 与 "$<$" 都是 Diophantus 关系, 因为对于 $a, b \in \mathbb{N}$ 我们有

$$a \leqslant b \iff \exists x \in \mathbb{N}[a + x = b], \quad a < b \iff \exists x \in \mathbb{N}[a + x + 1 = b].$$

任给整数 $A \geqslant 2$, 由定理 2.2.1 知对任何 $a \in \mathbb{N}$ 有

$$a \in \{u_n(A, 1) : n \in \mathbb{N}\} \iff (A^2 - 4)a^2 + 4 \in \square,$$

$$a \in \{v_n(A, 1) : n \in \mathbb{N}\} \iff \exists x \in \mathbb{N}\,[(A^2 - 4)x^2 + 4 = a^2],$$

从而

$$\{u_n(A, 1) : n \in \mathbb{N}\} \ \text{与} \ \{v_n(A, 1) : n \in \mathbb{N}\}$$

都是 Diophantus 集. 类似地, $A \in \mathbb{N}$ 且 $\delta \in \{0, 1\}$ 时, 根据定理 2.2.3 知

$$\{u_{2n+\delta}(A, -1) : n \in \mathbb{N}\} \ \text{与} \ \{v_{2n+\delta}(A, -1) : n \in \mathbb{N}\}$$

都是 Diophantus 集. 依推论 2.2.1, $A \in \mathbb{N}$ 时

$$\{u_n(A, -1) : n \in \mathbb{N}\} \ \text{与} \ \{v_n(A, -1) : n \in \mathbb{N}\}$$

也都是 Diophantus 集.

下面这个基本结果后面将经常用到.

定理2.4.1. 两个ℕ上Diophantus关系的析取与合取仍为 Diophantus关系.

证明: 假设$R_1(a_1,\cdots,a_n)$与$R_2(b_1,\cdots,b_k)$都是ℕ上Diophantus关系,则有整系数多项式P_1与P_2使得$a_1,\cdots,a_m,b_1,\cdots,b_l \in$ℕ时

$$R_1(a_1,\cdots,a_m) \iff \exists x_1,\cdots,x_n \in \mathbb{N}\left[P_1(a_1,\cdots,a_m,x_1,\cdots,x_n)=0\right]$$

并且

$$R_2(b_1,\cdots,b_k) \iff \exists y_1,\cdots,y_l \in \mathbb{N}\left[P_2(b_1,\cdots,b_k,y_1,\cdots,y_l)=0\right].$$

于是

$$R_1(a_1,\cdots,a_m) \vee R_2(b_1,\cdots,b_k)$$
$$\iff \exists x_1,\cdots,x_n,y_1,\cdots,y_l \in \mathbb{N}$$
$$\left[P_1(a_1,\cdots,a_m,x_1,\cdots,x_n)P_2(b_1,\cdots,b_k,y_1,\cdots,y_l)=0\right],$$

而且

$$R_1(a_1,\cdots,a_m) \wedge R_2(b_1,\cdots,b_k)$$
$$\iff \exists x_1,\cdots,x_n,y_1,\cdots,y_l \in \mathbb{N}$$
$$\left[P_1(a_1,\cdots,a_m,x_1,\cdots,x_n)^2 + P_2(b_1,\cdots,b_k,y_1,\cdots,y_l)^2=0\right].$$

因此

$$R_1(a_1,\cdots,a_m) \vee R_2(b_1,\cdots,b_k) \text{ 与 } R_1(a_1,\cdots,a_m) \wedge R_2(b_1,\cdots,b_k)$$

都是Diophantus关系. 证毕.

§2.5　$C = u_B(A,1)$ 的 Diophantus 表示

本节主要结果源于作者的博士论文[42,第一章]以及作者的论文[43].

定理2.5.1. 任给整数$A > 2$, 序列$(u_n(A,1))_{n\geqslant 0}$中只有$u_2(A,1) = A$可能是素数.

证明: 依定理1.3.2, $u_n = u_n(A,1)$与$v_n = v_n(A,1)$都随着$n \in$ℕ的增加而严格递增. 显然$u_0 = 0$与$u_1 = 1$都不是素数. 对于$n \in \mathbb{Z}_+$, 考虑到

$$u_{n+1} + u_n \geqslant u_{n+1} - u_n = (A-2)u_n + (u_n - u_{n-1}) \geqslant (A-2)u_1 + 1 > 1,$$

利用定理1.2.7知

$$u_{2n+1} = u_{n+1}^2 - u_n^2 = (u_{n+1} + u_n)(u_{n+1} - u_n)$$

为合数. 对于整数$n > 1$, 我们有$u_n > u_1 = 1$且$v_n > v_0 = 2$, 从而$u_{2n} = u_n v_n$为合数. 因此诸$u_n\ (n \in \mathbb{N})$中只有$u_2 = A$可能是素数.

设$A \in \mathbb{Z}$. 我们按如下方式把Lucas序列$u_n = u_n(A, 1)$与$v_n = v_n(A, 1)$从自然数下标扩展到整数下标:

$$u_0 = 0,\ u_1 = 1,\ u_{n+1} + u_{n-1} = Au_n\ (n = 0, \pm 1, \pm 2, \cdots);$$
$$v_0 = 2,\ v_1 = A,\ v_{n+1} + v_{n-1} = Av_n\ (n = 0, \pm 1, \pm 2, \cdots).$$

引理2.5.1. 设$A \in \mathbb{Z}$. 对任何$n \in \mathbb{N}$, 我们有

$$u_{-n}(A, 1) = -u_n(A, 1) = (-1)^n u_n(-A, 1),\ v_{-n}(A, 1) = v_n(A, 1) = (-1)^n v_n(-A, 1). \tag{2.5.1}$$

证明: 显然

$$u_{-0}(A, 1) = 0 = -u_0(A, 1) = (-1)^0 u_0(-A, 1),$$
$$v_{-0}(A, 1) = 2 = v_0(A, 1) = (-1)^0 v_0(-A, 1),$$
$$u_{-1}(A, 1) = Au_0(A, 1) - u_1(A, 1) = -1 = -u_1(A, 1) = -u_1(-A, 1),$$
$$v_{-1}(A, 1) = Av_0(A, 1) - v_1(A, 1) = 2A - A = v_1(A, 1) = -v_1(-A, 1).$$

因此(2.5.1)在$n = 0, 1$时成立.

设$m \in \mathbb{Z}_+$且(2.5.1)在$n = 0, \cdots, m$时成立, 则

$$\begin{aligned}
u_{-(m+1)}(A, 1) &= Au_{-m}(A, 1) - u_{-(m-1)}(A, 1) \\
&= -Au_m(A, 1) + u_{m-1}(A, 1) = -u_{m+1}(A, 1) \\
&= A(-1)^m u_m(-A, 1) - (-1)^{m-1} u_{m-1}(-A, 1) \\
&= (-1)^{m+1}(-Au_m(-A, 1) - u_{m-1}(-A, 1)) = (-1)^{m+1} u_{m+1}(-A, 1),
\end{aligned}$$

而且

$$\begin{aligned}
v_{-(m+1)}(A, 1) &= Av_{-m}(A, 1) - v_{-(m-1)}(A, 1) \\
&= Av_m(A, 1) - v_{m-1}(A, 1) = -v_{m+1}(A, 1) \\
&= A(-1)^m v_m(-A, 1) - (-1)^{m-1} v_{m-1}(-A, 1) \\
&= (-1)^{m+1}(-Av_m(-A, 1) - v_{m-1}(-A, 1)) = (-1)^{m+1} v_{m+1}(-A, 1).
\end{aligned}$$

因此(2.5.1)在$n = m + 1$时成立.

综上, 我们归纳证明了(2.5.1)对任何$n \in \mathbb{N}$都成立.

定理2.5.2. 设$A \in \mathbb{Z}$.

(i) 对任何$m \in \mathbb{Z}$有

$$u_m(A, 1) \equiv m \pmod{A - 2}.$$

(ii) 任给整数X, 我们有

$$(A^2 - 4)X^2 + 4 \in \square \iff \exists m \in \mathbb{Z}\,[X = u_m(A, 1)].$$

证明: (i) 归纳知对任何$n \in \mathbb{N}$有

$$u_n(A, 1) \equiv u_n(2, 1) = n \pmod{A - 2}.$$

应用引理2.5.1知$n \in \mathbb{N}$时亦有

$$u_{-n}(A, 1) = -u_n(A, 1) \equiv -u_n(2, 1) = -n \pmod{A - 2}.$$

(ii) 现在来证第二部分. 任给$n \in \mathbb{N}$, 依引理2.5.1知

$$u_n(-A, 1) = (-1)^{n-1}u_n(A, 1), \ u_{-n}(-A, 1) = (-1)^n u_n(A, 1), \ u_{-n}(A, 1) = -u_n(A, 1).$$

故有

$$\{u_m(-A, 1) : m \in \mathbb{Z}\} = \{\pm u_n(A, 1) : n \in \mathbb{N}\} = \{u_m(A, 1) : m \in \mathbb{Z}\}.$$

鉴于此, 不妨假设$A \geqslant 0$.

归纳知当$n \in \mathbb{N}$时,

$$u_n(0, 1) = \begin{cases} 0 & \text{如果 } 2 \mid n, \\ (-1)^{\frac{n-1}{2}} & \text{如果 } 2 \nmid n; \end{cases}$$

$$u_n(1, 1) = \begin{cases} 0 & \text{如果 } 3 \mid n, \\ 1 & \text{如果 } n \equiv 1 \pmod{3}, \\ -1 & \text{如果 } n \equiv -1 \pmod{3}. \end{cases}$$

因此, 当 $A \in \{0,1\}$ 时,

$$(A^2 - 4)X^2 + 4 \in \square \iff X \in \{0, \pm 1\}$$
$$\iff X \in \{u_m(A,1): m \in \mathbb{Z}\} = \{\pm u_n(A,1): n \in \mathbb{N}\}.$$

如果 $A \geqslant 2$, 则由定理1.3.1知 $n \in \mathbb{N}$ 时 $u_n(A,1) \geqslant 0$, 应用定理2.2.1得

$$(A^2 - 4)X^2 + 4 \in \square \iff \exists n \in \mathbb{N}\,[|X| = u_n(A,1)]$$
$$\iff \exists n \in \mathbb{N}\,[X = u_n(A,1) \vee X = -u_n(A,1) = u_{-n}(A,1)]$$
$$\iff \exists m \in \mathbb{Z}\,[X = u_m(A,1)].$$

综上, 定理2.5.2得证.

引理2.5.2. 设 $A \in \mathbb{Z}$, 则对任何 $m, n \in \mathbb{Z}$ 有

$$u_{m+n}(A,1) + u_{m-n}(A,1) = u_m(A,1)v_n(A,1), \tag{2.5.2}$$
$$v_{m+n}(A,1) + v_{m-n}(A,1) = v_m(A,1)v_n(A,1). \tag{2.5.3}$$

证明: 对 $k \in \mathbb{Z}$ 我们把 $u_k(A,1)$ 与 $v_k(A,1)$ 分别简记为 u_k 与 v_k. 由于 $v_{-n} = v_n$(参见引理2.5.1), 我们不妨设 $n \in \mathbb{N}$. 依推论1.2.7, $m \geqslant n$ 时(2.5.2)与(2.5.3) 都成立.

假设 $m \leqslant n$, 且对 $m' \in \{m, m+1\}$ 已有

$$u_{m'+n} + u_{m'-n} = u_{m'}v_n \ \ 与 \ \ v_{m'+n} + v_{m'-n} = v_{m'}v_n.$$

则

$$u_{m-1+n} + u_{m-1-n} = (Au_{m+n} - u_{m+n+1}) + (Au_{m-n} - u_{m-n+1})$$
$$= A(u_{m+n} + u_{m-n}) - (u_{m+n+1} + u_{m-n+1})$$
$$= Au_m v_n - u_{m+1}v_n = u_{m-1}v_n,$$

而且

$$v_{m-1+n} + v_{m-1-n} = (Av_{m+n} - v_{m+n+1}) + (Av_{m-n} - v_{m-n+1})$$
$$= A(v_{m+n} + v_{m-n}) - (v_{m+n+1} + v_{m-n+1})$$
$$= Av_m v_n - v_{m+1}v_n = v_{m-1}v_n.$$

综上, 我们归纳证明了所要结果.

定理2.5.3. 设 $A \in \mathbb{Z}$ 且 $|A| > 2$. 又设 $n > 3$ 为整数且 $v_n(A, 1)$ 为偶数. 任给 $s, t \in \mathbb{Z}$, 我们有

$$u_s(A, 1) \equiv u_t(A, 1) \quad \left(\bmod \, \frac{v_n(A, 1)}{2}\right)$$

$$\Longleftrightarrow s \equiv t \pmod{4n} \vee s + t \equiv 2n \pmod{4n}.$$

(2.5.4)

证明: 为方便起见, 对 $k \in \mathbb{N}$ 我们把 $u_k(A, 1)$ 与 $v_k(A, 1)$ 分别简记为 u_k 与 v_k.

对任何 $m \in \mathbb{Z}$, 依 (2.5.2) 有

$$u_{m+n} \equiv -u_{m-n} = u_{n-m} \pmod{v_n}.$$

于是对任何 $r \in \mathbb{Z}$ 我们有

$$u_{2n-r} = u_{(n-r)+n} \equiv u_{n-(n-r)} = u_r \pmod{v_n}, \; u_{2n+r} \equiv u_{-r} = -u_r \pmod{v_n},$$

而且

$$u_{4n+r} = u_{2n+(2n+r)} \equiv -u_{2n+r} \equiv u_r \pmod{v_n}.$$

鉴于此, 我们只需再证

$$u_0, \pm u_1, \cdots, \pm u_n$$

模 $\frac{v_n}{2}$ 两两不同.

依引理2.5.1, 对任何 $k \in \mathbb{N}$ 有 $v_k(-A, 1) = (-1)^k v_k$ 与

$$\{u_k(-A, 1), -u_k(-A, 1)\} = \{(-1)^{k-1} u_k, (-1)^k u_k\} = \{\pm u_k\}.$$

故不妨假定 $A = |A| > 2$ 来证 $u_0, \pm u_1, \cdots, \pm u_n$ 模 $\frac{v_n}{2}$ 两两不同.

既然 $A > 2$, 依定理1.3.2我们有

$$0 = u_0 < u_1 < u_2 < \cdots < u_n < u_{n+1} < \cdots.$$

令

$$\alpha = \frac{A + \sqrt{A^2 - 4}}{2}, \; \beta = \frac{A - \sqrt{A^2 - 4}}{2}.$$

根据定理1.2.2,

$$v_n = \alpha^n + \beta^n > \alpha^n - \beta^n = \sqrt{A^2 - 4}\, u_n \geqslant \sqrt{5}\, u_n > 2u_n,$$

而且对任何 $k \in \mathbb{Z}_+$ 有

$$u_k > u_k - \beta^{k-1} = \frac{\alpha^k - \beta^k}{\alpha - \beta} - \beta^{k-1} = \alpha \frac{\alpha^{k-1} - \beta^{k-1}}{\alpha - \beta} = \alpha u_{k-1} \geqslant \frac{3 + \sqrt{5}}{2} u_{k-1}.$$

如果 $s, t \in \{0, \cdots, n-1\}$ 不全为 0, 则

$$0 < u_s + u_t \leqslant 2u_{n-1} < \frac{4}{3+\sqrt{5}}u_n < \frac{4}{3+\sqrt{5}} \cdot \frac{v_n}{\sqrt{5}} < \frac{v_n}{2},$$

从而 $u_s \not\equiv -u_t \pmod{\frac{v_n}{2}}$.

对于 $r \in \{0, \cdots, n\}$, 由于 $0 < u_n + u_r \leqslant 2u_n < v_n$, 我们有

$$u_n + u_r \equiv 0 \left(\bmod \frac{v_n}{2}\right) \Rightarrow u_n + u_r = \frac{v_n}{2}.$$

注意

$$u_n > \frac{3+\sqrt{5}}{2}u_{n-1} > \left(\frac{3+\sqrt{5}}{2}\right)^2 u_{n-2} > \left(\frac{3+\sqrt{5}}{2}\right)^3 u_{n-3}.$$

如果 $r \in \mathbb{N}$ 且 $r < n-2$, 则

$$u_n + u_r \leqslant u_n + u_{n-3} < \left(1 + \left(\frac{2}{3+\sqrt{5}}\right)^3\right) u_n = (10 - 4\sqrt{5})u_n \leqslant \frac{\sqrt{5}}{2}u_n < \frac{v_n}{2}.$$

由于 $|(20 - A^2)u_n^2| \geqslant u_n^2 \geqslant u_2^2 = A^2 > 4$, 利用定理 1.2.3 得

$$v_n^2 - (A^2 - 4)u_n^2 = 4 \neq (20 - A^2)u_n^2 = (4u_n)^2 - (A^2 - 4)u_n^2,$$

从而 $v_n \neq 4u_n$, 亦即 $u_n + u_n \neq \frac{v_n}{2}$.

由定理 1.2.3,

$$v_n = 2u_{n+1} - Au_n = 2(Au_n - u_{n-1}) - Au_n = Au_n - 2u_{n-1}.$$

假如 $u_n + u_{n-1} = \frac{v_n}{2}$, 则

$$v_n = 2u_n + 2u_{n-1} = 2u_n + (Au_n - v_n),$$

于是

$$((A+2)u_n)^2 = (2v_n)^2 = 4((A^2 - 4)u_n^2 + 4),$$

从而

$$(3A - 10)(A + 2)u_n^2 = -16,$$

不论 $A = 3$ 还是 $A > 3$ 这都不可能成立.

假设 $u_n + u_{n-2} = \frac{v_n}{2}$, 利用定理 1.2.3 得

$$v_n = 2(u_n + u_{n-2}) = 2Au_{n-1} = 2A(Au_n - u_{n+1}) = A(2Au_n - (Au_n + v_n)) = A(Au_n - v_n).$$

于是

$$(A^2 u_n)^2 = (A+1)^2 v_n^2 = (A+1)^2((A^2-4)u_n^2+4),$$

亦即

$$((A+1)(A-3)(2A+1)-1)u_n^2 = -4(A+1)^2.$$

当 $A > 3$ 时, 上式左边非负但右边小于0. 因此 $A = 3$ 且 $-u_n^2 = -4^3$, 这与 $u_n > u_3 = A^2 - 1 = 8$ 矛盾.

综上, 定理2.5.3得证.

引理2.5.3. 设 $A, B, C, x, y \in \mathbb{Z}$ 且 $|A| \geqslant 2$, 又设

$$\begin{aligned}
&D = (A^2-4)C^2 + 4, \ E = C^2 Dx, \ F = 4(A^2-4)E^2+1, \\
&G = 1 + CDF - 2(A+2)(A-2)^2 E^2, \\
&H = C + BF + (2y-1)CF, \ I = (G^2-1)H^2+1.
\end{aligned} \tag{2.5.5}$$

则

$$DFI \in \square \iff D, F, I \in \square. \tag{2.5.6}$$

证明: 由于 $|A| \geqslant 2$, 我们有

$$D = (A^2-4)C^2+4 \geqslant 4, \ F = 4(A^2-4)E^2+1 \geqslant 1.$$

因 $G \equiv 1 \pmod{D}$, 我们又有 $G \neq 0$ 且 $I = (G^2-1)H^2+1 \geqslant 1$.

显然 $F \equiv G \equiv I \equiv 1 \pmod{D}$, 故 F 和 I 都与 D 互素. 注意

$$H \equiv C \pmod{F} \ \text{且} \ 2G \equiv 2 - (A-2)4(A^2-4)E^2 \equiv A \pmod{F},$$

从而

$$4I = ((2G)^2-4)H^2+4 \equiv (A^2-4)C^2+4 = D \pmod{F}.$$

因此 $(4I, F) = (D, F) = 1$.

综上, 正整数 D, F, I 两两互素. 因此(2.5.6)成立.

定理2.5.4. 设 $A, B \in \mathbb{Z}$, $|A| \geqslant 2$. 令 $C = u_B(A,1)$, 则 $|C| \geqslant |B|$, 且有整数 $x \neq 0$ 与整数 y 使得 $DFI \in \square$, 其中 D, F, I 由(2.5.5)给出. 当 $A \geqslant 2$ 且 $B \geqslant 0$ 时, 对任何的 $Z \in \mathbb{Z}_+$ 我们可进一步要求 $x, y \geqslant Z$.

证明: 如果$B = 0$, 则$C = 0$, 这时不论x, y取怎样的正整数都有$D = 4, F = 1$与$I = 1$, 从而$DFI \in \square$.

下设$B \neq 0$. 由于$|A| \geqslant 2$, 我们有$D = (A^2 - 4)C^2 + 4 > 0$. 根据定理1.3.2与引理2.5.1,

$$u_0(|A|, 1) < u_1(|A|, 1) < \cdots < u_{|B|}(|A|, 1) = |u_B(A, 1)| = |C|,$$

从而$|C| \geqslant |B| > 0$.

任给$Z \in \mathbb{Z}_+$, 依定理1.4.1有$n \in \mathbb{Z}_+$使得

$$u_n(A, 1) \equiv u_0(A, 1) = 0 \ (\mathrm{mod}\ 4C^2DZ),$$

于是

$$x = \frac{u_n(A, 1)}{4C^2D} \in \mathbb{Z}.$$

由于$|u_n(A, 1)| = u_n(|A|, 1) \geqslant u_1(|A|, 1) = 1$, 我们有$x \neq 0$. 如果$A \geqslant 2$, 则$x > 0$且$Z \mid x$, 因而$x \geqslant Z$.

利用定理1.2.3知

$$D = (A^2 - 4)u_{|B|}(A, 1)^2 + 4 = v_{|B|}(A, 1)^2 = v_B(A, 1)^2, \quad E = C^2Dx = \frac{u_n(A, 1)}{4},$$

$$F = 4(A^2 - 4)E^2 + 1 = (A^2 - 4)\frac{u_n(A, 1)^2}{4} + 1 = \left(\frac{v_n(A, 1)}{2}\right)^2.$$

因此D与F都是平方数. 注意$F \equiv 1 \ (\mathrm{mod}\ 2C)$, 因而$(F, 2C) = 1$. 如同(2.5.5)中那样定义

$$G = 1 + CDF - 2(A + 2)(A - 2)^2E^2,$$

则

$$G \equiv 1 \ (\mathrm{mod}\ C) \ \text{且} \ 2G \equiv 2 - (2 - A)(F - 1) \equiv A \ (\mathrm{mod}\ F).$$

依定理1.4.1, 有$\lambda \in \mathbb{Z}_+$使得

$$u_\lambda(A, 1) \equiv u_0(A, 1) = 0 \ (\mathrm{mod}\ F) \ \text{并且}\ u_{\lambda+1}(A, 1) \equiv u_1(A, 1) = 1 \ (\mathrm{mod}\ F).$$

注意

$$u_{\lambda-1}(A, 1) = Au_\lambda(A, 1) - u_{\lambda+1}(A, 1) \equiv Au_0(A, 1) - u_1(A, 1) = u_{-1}(A, 1) \ (\mathrm{mod}\ F).$$

一般地, 对任何$m \in \mathbb{Z}$都有$u_{\lambda+m} \equiv u_m \ (\mathrm{mod}\ F)$, 这可通过对$|m|$归纳得到. 令$j = B + 2\lambda C(FZ + 1), H = u_j(2G, 1)$. 则

$$H \equiv u_j(A, 1) \equiv u_B(A, 1) = C \equiv C + (B - C)F \ (\mathrm{mod}\ F),$$
$$H \equiv u_j(2, 1) = j \equiv B \equiv C + (B - C)F \ (\mathrm{mod}\ 2C).$$

而F与$2C$互素, 故有$y \in \mathbb{Z}$使得

$$H - (C + (B - C)F) = 2CFy.$$

如果$A \geqslant 2$且$B \geqslant 0$, 则$C = u_B(A, 1) \geqslant B > 0$且

$$H \geqslant j \geqslant 2C(FZ + 1) \geqslant C + 2CFZ \geqslant C + (B - C)F + 2CFZ,$$

从而$y \geqslant Z$.

注意

$$I = (G^2 - 1)H^2 + 1 = \frac{((2G)^2 - 4)u_j(2G, 1)^2 + 4}{4} = \left(\frac{v_j(2G, 1)}{2}\right)^2$$

也是平方数. 由$D, F, I \in \square$, 我们得到$DFI \in \square$.

引理2.5.4. 设$A, B, C \in \mathbb{Z}$, $|A| > 2$且$C \neq 0$. 又设有整数$x \neq 0$与整数y使得$DFI \in \square$, 这里我们使用(2.5.5)中的记号. 则有$s \in \mathbb{Z}$使得$C = u_s(A, 1)$, 当$|B| \leqslant |C|$时还有$|s| = |B|$.

证明: 根据引理2.5.3, 由$DFI \in \square$可得$D, F, I \in \square$. 由于

$$(A^2 - 4)C^2 + 4 = D \in \square,$$
$$(A^2 - 4)(4E)^2 + 4 = 4F \in \square,$$
$$((2G)^2 - 4)H^2 + 4 = 4I \in \square,$$

依定理2.5.2(ii), 有$s, m, t \in \mathbb{Z}$使得

$$C = u_s(A, 1), \quad 4E = u_m(A, 1), \quad H = u_t(2G, 1).$$

注意$n = |m| > 3$, 因为

$$|u_n(A, 1)| = |4E| = 4C^2 D|x|$$
$$\geqslant D \geqslant (A^2 - 4)1^2 + 4 > A^2 - 1 = |u_3(A, 1)|$$
$$> |A| = |u_2(A, 1)| > 1 = |u_1(A, 1)| > 0 = |u_0(A, 1)|.$$

利用定理1.2.3得

$$4F = (A^2 - 4)(4E)^2 + 4 = (A^2 - 4)u_n(A, 1)^2 + 4 = v_n(A, 1)^2,$$

从而$2 \mid v_n(A,1)$.

考虑到

$$H \equiv C \pmod{F}, \ 2G \equiv 2 - (A-2)(F-1) \equiv A \pmod{F}, \ F = \left(\frac{v_n(A,1)}{2}\right)^2,$$

我们有

$$u_s(A,1) = C \equiv H = u_t(2G,1) \equiv u_t(A,1) \bmod \left(\frac{v_n(A,1)}{2}\right).$$

应用定理2.5.3知$s \equiv t \pmod{4n}$或者$s+t \equiv 2n \pmod{4n}$, 因此$s \equiv \pm t \pmod{2n}$. 由于$C^2 \mid 4E$, 我们有$u_{|s|}(A,1)^2 \mid u_n(A,1)$, 从而利用定理1.4.5得$|s|u_{|s|}(A,1) \mid n$. 因此$u_s(A,1) \mid n$, 从而

$$s \equiv \pm t \pmod{2u_s(A,1)}.$$

显然$F \equiv 1 \pmod{2C}$, $2G \equiv 2 \pmod{2C}$, 而且

$$H = C + BF + (2y-1)CF \equiv C + (B-C)F \equiv B \pmod{2C}.$$

因此

$$B \equiv H = u_t(2G,1) \equiv u_t(2,1) = t \equiv \pm s \pmod{2u_s(A,1)}. \tag{2.5.7}$$

如果$|B| \leqslant |C| = |u_s(A,1)|$, 则

$$|s| \neq |B| \Rightarrow 0 < |B \pm s| \leqslant |B| + |s| < 2|u_s(A,1)|,$$

从而$|s| = |B|$ (不然与(2.5.7)矛盾).

综上, 引理2.5.4证毕.

定理2.5.5. 设$A,B,C \in \mathbb{Z}$, $A > 1$且$B \geqslant 0$. 则

$$C = u_B(A,1) \iff C \geqslant B \wedge \exists x \in \mathbb{Z}_+ \exists y \in \mathbb{Z}_+[DFI \in \square],$$

这里D,F,I由(2.5.5)给出.

证明: $\Rightarrow$: 依定理1.3.2, 序列$(u_n(A,1))_{n \geqslant 0}$严格递增, 故$C = u_B(A,1) \geqslant B$. 应用定理2.5.4知, 有$x,y \in \mathbb{Z}_+$使得$DFI \in \square$.

$\Leftarrow$: 如果$C = 0$, 则因$0 \leqslant B \leqslant C$有$B = 0$, 从而$C = u_B(A,1)$.

下设$C \neq 0$. 由定理1.3.2知序列$(u_n(A,1))_{n \geqslant 0}$严格递增. 如果$A > 2$, 则由引理2.5.4知, 要么$C = u_B(A,1)$, 要么$C = u_{-B}(A,1) = -u_B(A,1)$. 由于$C \geqslant B$且$C \neq 0$, 不可能有$C = -u_B(A,1) \leqslant 0$, 因此$C = u_B(A,1)$.

定理2.5.5推广了Y. Matiyasevich与J. Robinson[22]的相应结果.

定理2.5.6. 设 $A, B, C \in \mathbb{Z}$ 且 $1 < |B| < \frac{|A|}{2} - 1$. 则

$$C = u_B(A, 1) \iff (A - 2 \mid C - B) \wedge \exists x \in \mathbb{Z} \setminus \{0\} \, \exists y \in \mathbb{Z} \, [DFI \in \square],$$

其中 D, F, I 由(2.5.5)给出.

证明: $\Rightarrow$: 由定理2.5.2(i)及定理2.5.4立得.

　　　$\Leftarrow$: 首先注意

$$0 < |B| - 1 < |B| < |B| + 1 < 2|B| < |A| - 2 \leqslant |A - 2|.$$

假如 $C \equiv B \pmod{A - 2}$, 且有整数 $x \neq 0$ 与整数 y 满足 $DFI \in \square$. 由于 $C \neq 0$, 依引理2.5.4有 $s \in \mathbb{Z}$ 使得 $C = u_s(A, 1)$. 于是

$$B \equiv C \equiv u_s(2, 1) = s \pmod{A - 2}$$

且 $s \neq \pm 1, -B$. 注意

$$|C| = u_{|s|}(|A|, 1) \geqslant u_2(|A|, 1) = |A| > |B|.$$

依引理2.5.4知 $|s| = |B|$, 从而 $s = B$. 因此 $C = u_B(A, 1)$.

§2.6　指数关系的 Diophantus 表示

　　A. Tarski在1948年猜测 $\{2^n : n \in \mathbb{N}\}$ 不是 Diophantus 集, 但他的博士生Julia Robinson (1919—1985) 多次尝试也没证出来. $\mathbb{N}$ 上指数关系是否为 Diophantus 关系扑朔迷离, 直观上很难知道真相如何. J. Robinson 在1950年的国际数学家大会上提出下述假设.

　　Julia Robinson假设. 存在 $\mathbb{N}$ 上的 Diophantus 关系 $R(a, b)$ 使得

$$R(a, b) \Rightarrow b < a^a$$

并且

$$\forall k \in \mathbb{Z}_+ \exists a, b \in \mathbb{N} \, [R(a, b) \wedge a^k < b].$$

　　J. Robinson[36]证明在她的这个假设之下 $\mathbb{N}$ 上关系 $a^b = c$ (其中 $a > 1$ 且 $b > 0$) 是 Diophantus 关系.

　　Martin Davis (1928—1923) 在1968年证明: 如果方程

$$9(u^2 + 7v^2)^2 - 7(x^2 + 7y^2)^2 = 2$$

只有有限组整数解, 则N上指数关系$a^b = c$是 Diophantus 关系. 但至今不知这个四次方程是否只有有限组整数解. Shanks在1972年找到了这个四次方程的第一组非平凡自然数解:

$$u = 525\,692\,038\,369\,576,\ v = 1\,556\,327\,039\,191\,013,$$

$$x = 2\,484\,616\,164\,142\,152,\ y = 1\,381\,783\,865\,776\,981.$$

Y. Matiyasevich[20]在1970年证明了N上关系$F_{2a} = b$满足Julia Robinson假设, 因而N上指数关系是 Diophantus 关系.

引理2.6.1. 设$A, U, V \in \mathbb{Z}$. 则对任何$B \in \mathbb{Z}_+$有

$$(UV)^{B-1}u_B(A,1) \equiv \sum_{r=0}^{B-1} U^{2r}V^{2(B-1-r)} \pmod{U^2 - AUV + V^2}. \qquad (2.6.1)$$

证明: 由于$u_1(A,1) = 1$且$u_2(A,1) = A$, 易见$B = 1, 2$时(2.6.1)成立.

现设$B > 2$, 并假设(2.6.1)中B换成更小正整数时总成立. 则

$$(UV)^{B-1}u_B(A,1) = AUV(UV)^{B-2}u_{B-1}(A,1) - U^2V^2(UV)^{B-3}u_{B-2}(A,1)$$

$$\equiv AUV \sum_{i=0}^{B-2} U^{2i}V^{2(B-2-i)} - U^2V^2 \sum_{j=0}^{B-3} U^{2j}V^{2(B-3-j)}$$

$$\equiv (U^2 + V^2) \sum_{i=0}^{B-2} U^{2i}V^{2(B-2-i)} - \sum_{j=0}^{B-3} U^{2j+2}V^{2(B-2-j)}$$

$$= \sum_{r=0}^{B-1} U^{2r}V^{2(B-1-r)} \pmod{U^2 - AUV + V^2}.$$

综上, 我们归纳证明了(2.6.1)对任何正整数B成立.

引理2.6.1在$U = 1$且$2 \mid A$时首先由J. Robinson指出, 参见[16, 引理2.22]. 引理2.6.1的现在形式首次出现于1992年通过的作者的博士学位论文[42], 正式发表于[52, 引理4.8].

引理2.6.2. 设$B \in \mathbb{N}$且$A, K, L, U, V \in \mathbb{Z}$. 如果$KV^B = LU^B$或者$KU^B = -LV^B$, 则

$$KL(U^2 - V^2)u_B(A,1) \equiv UV(K^2 - L^2) \pmod{U^2 - AUV + V^2}. \qquad (2.6.2)$$

证明: 显然(2.6.2)在U或V为0时成立.

现设$UV \neq 0$. 令$d = (U,V)$, 并让$U_* = \frac{U}{d}, V_* = \frac{V}{d}$. 则$(U_*, V_*) = 1$,

$$KV^B = LU^B \vee KU^B = -LV^B \iff KV_*^B = LU_*^B \vee KU_*^B = -LV_*^B,$$

而且(2.6.2)等价于

$$KL(U_*^2 - V_*^2)u_B(A,1) \equiv U_*V_*(K^2 - L^2) \ (\mathrm{mod}\ U_*^2 - AU_*V_* + V_*^2).$$

因此不妨设$(U, V) = 1$.

$B = 0$时, 如果$KV^B = LU^B$或者$KU^B = -LV^B$, 则$K^2 = L^2$, 从而(2.6.2)成立.

下设$B > 0$. 依引理2.6.1我们有

$$(UV)^{B-1}(U^2 - V^2)u_B(A,1)$$
$$\equiv (U^2 - V^2)\sum_{r=0}^{B-1} U^{2r}V^{2(B-1-r)} = U^{2B} - V^{2B} \ (\mathrm{mod}\ U^2 - AUV + V^2).$$

假定$KV^B = LU^B$或者$KU^B = -LV^B$, 则

$$KL(U^{2B}-V^{2B}) = (KU^B+LV^B)(LU^B-KV^B)+(K^2-L^2)(UV)^B = (K^2-L^2)(UV)^B,$$

从而

$$KL(UV)^{B-1}(U^2 - V^2)u_B(A,1) \equiv (K^2 - L^2)(UV)^B \ (\mathrm{mod}\ U^2 - AUV + V^2).$$

而$(U, U^2 - AUV + V^2) = (U, V^2) = 1$且$(V, U^2 - AUV + V^2) = (V, U^2) = 1$, 故由最后这个同余式可得(2.6.2).

综上, 引理2.6.1得证.

定理2.6.1. 设$A \in \mathbb{Z}$, $B \in \mathbb{N}$, $U, V \in \mathbb{Z} \setminus \{0\}$, 且

$$|A| \geqslant (|K| + |L| + U^2 + V^2 + B)^{|K|+|L|+U^2+V^2+B}.$$

则

$$KV^B = LU^B \ \vee \ KU^B = -LV^B$$
$$\Longleftrightarrow KL(U^2 - V^2)u_B(A,1) \equiv UV(K^2 - L^2) \ (\mathrm{mod}\ U^2 - AUV + V^2).$$

证明: $\Rightarrow$: 由引理2.6.2可得.

$\Leftarrow$: 我们分两种情况进行讨论.

第一种情形: $B = 0$.

这时

$$UV(K^2 - L^2) \equiv 0 \ (\mathrm{mod}\ U^2 - AUV + V^2).$$

令

$$U_* = \frac{U}{(U,V)}, \ V_* = \frac{V}{(U,V)}.$$

则 $U_* V_* (K^2 - L^2) \equiv 0 \ (\mathrm{mod} \ U_*^2 - AU_*V_* + V_*^2)$. 而

$$(U_*, U_*^2 - AU_*V_* + V_*^2) = 1 = (V_*, U_*^2 - AU_*V_* + V_*^2),$$

故有

$$K^2 - L^2 \equiv 0 \ (\mathrm{mod} \ U_*^2 - AU_*V_* + V_*^2).$$

由于

$$|K^2 - L^2| \leqslant (|K| + |L|)^2 \leqslant (|K| + |L| + U_*^2 + V_*^2)^{U_*^2 + V_*^2} - (U_*^2 + V_*^2)$$
$$< (|K| + |L| + U^2 + V^2)^{|K| + |L| + U^2 + V^2} - (U_*^2 + V_*^2)$$
$$\leqslant |A| - (U_*^2 + V_*^2) \leqslant |AU_*V_*| - (U_*^2 + V_*^2) \leqslant |AU_*V_* - U_*^2 - V_*^2|,$$

我们得到 $K^2 - L^2 = 0$. 因此 $KV^0 = LU^0$ 或者 $KU^0 = LV^0$.

第二种情形: $B > 0$.

这时利用 (2.6.2) 与引理 2.6.1 可得

$$(UV)^B (K^2 - L^2) \equiv KL(U^2 - V^2)(UV)^{B-1} u_B(A, 1)$$
$$\equiv KL(U^{2B} - V^{2B}) \ (\mathrm{mod} \ U^2 - AUV + V^2),$$

于是

$$(KV^B - LU^B)(KU^B + LV^B) = (UV)^B (K^2 - L^2) - KL(U^{2B} - V^{2B})$$

被 $U^2 - AUV + V^2$ 整除. 而

$$|(KV^B - LU^B)(KU^B + LV^B)|$$
$$\leqslant ((|K| + |L|) \max\{|U|^B, |V|^B\})^2 \leqslant (|K| + |L|)^2 (U^2 + V^2)^B$$
$$\leqslant (|K| + |L| + 1)^2 (U^2 + V^2)^B - (U^2 + V^2)^B$$
$$< (|K| + |L| + U^2 + V^2 + B)^{U^2 + V^2 + (|K| + |L| + B)} - (U^2 + V^2)$$
$$\leqslant |A| - (U^2 + V^2) \leqslant |AUV| - (U^2 + V^2) \leqslant |AUV - U^2 - V^2|,$$

故必有

$$(KV^B - LU^B)(KU^B + LV^B) = 0,$$

即$KV^B = LU^B$或者$KU^B = -LV^B$.

综上, 定理2.6.1得证.

J. Robinson (参见Joones [16]) 证明了对于整数$B, W > 0$与$V > 1$, $W = V^B$成立当且仅当有整数$A > \max\{V^{3B}, W^3\}$ 使得

$$(V^2 - 1)W\, u_B(2A, 1) \equiv V(W^2 - 1) \pmod{2AV - V^2 - 1}.$$

定理2.6.2 ([43]). 设$B, V, W \in \mathbb{Z}$, $B > 0$且$|V| > 1$, 则$W = V^B$当且仅当有$A, C \in \mathbb{Z}$使得

$$
\begin{cases}
|A| \geqslant \max\{V^{4B}, W^4\}, \\
C = u_B(A, 1), \\
(V^2 - 1)WC \equiv V(W^2 - 1) \pmod{AV - V^2 - 1}.
\end{cases}
\tag{2.6.3}
$$

证明: 假设$W = V^B$, 取整数A使得$|A| \geqslant \max\{V^{4B}, W^4\}$, 再令$C = u_B(A, 1)$. 在引理2.6.2中取$K = U = 1$与$L = W$得

$$W(1 - V^2)C \equiv V(1 - W^2) \pmod{V^2 - AV + 1},$$

亦即

$$(V^2 - 1)WC \equiv V(W^2 - 1) \pmod{AV - V^2 - 1}.$$

现在假设有整数A, C使得(2.6.3)成立, 我们来说明$W = V^B$. 依引理2.6.1,

$$(V^2 - 1)V^{B-1}u_B(A, 1) \equiv V^{2B} - 1 \pmod{AV - V^2 - 1}.$$

于是

$$V^B(W^2 - 1) \equiv V^{B-1}(V^2 - 1)WC \equiv W(V^{2B} - 1) \pmod{AV - V^2 - 1},$$

从而

$$(V^B W + 1)(W - V^B) \equiv 0 \pmod{AV - V^2 - 1}.
\tag{2.6.4}$$

由于$|A|^{\frac{1}{4}} \geqslant |V|^B \geqslant 2$且

$$1 + |A|^{\frac{1}{4}} + |A|^{\frac{1}{2}} \leqslant \left(|A|^{\frac{1}{4}} - 1\right)\left(1 + |A|^{\frac{1}{4}} + |A|^{\frac{1}{2}}\right) = |A|^{\frac{3}{4}} - 1 < |A|^{\frac{3}{4}},$$

我们有

$$|(V^B W + 1)(W - V^B)|$$

$$\leqslant (|W| + |V^B|)(1 + |V|^B|W|) \leqslant 2|A|^{\frac{1}{4}}(1 + |A|^{\frac{1}{4}+\frac{1}{4}})$$

$$< 2|A|^{\frac{1}{4}}(|A|^{\frac{3}{4}} - |A|^{\frac{1}{4}}) = 2|A| - 2|A|^{\frac{1}{2}}$$

$$\leqslant |V| \cdot |A| - 2V^2 \leqslant |AV| - (V^2 + 1)$$

$$\leqslant |AV - V^2 - 1|.$$

将此与(2.6.4)相结合得$(V^B W + 1)(W - V^B) = 0.$ 此式蕴含着$W \neq 0.$ 由于$|V^B W| \geqslant |V|^B \geqslant 2$, 必定有$W = V^B$.

综上, 定理2.6.2得证.

引理2.6.3. 设$A, U, V \in \mathbb{Z}$, 则对任何$R \in \mathbb{N}$有

$$(UV)^R u_{2R+1}(A, 1) \equiv \sum_{r=0}^{2R} U^r V^{2R-r} \pmod{U^2 - (A^2 - 2)UV + V^2}. \qquad (2.6.5)$$

证明: 对$k \in \mathbb{N}$把$u_k(A, 1)$简记为u_k,

当$R = 0$时同余式(2.6.5)两边都是1. 当$R = 1$时(2.6.5)也成立, 因为

$$UVu_3 = UV(Au_2 - u_1) = UV(A^2 - 2) + UV$$

$$\equiv U^2 + V^2 + UV \pmod{U^2 - (A^2 - 2)UV + V^2}.$$

设$n \geqslant 2$为整数, 且(2.6.5)对$R = 0, \cdots, n - 1$都成立. 则

$$u_{2n+1} = A(Au_{2n-1} - u_{2n-2}) - u_{2n-1}$$

$$= (A^2 - 2)u_{2n-1} + u_{2n-1} - Au_{2n-2}$$

$$= (A^2 - 2)u_{2n-1} - u_{2n-3},$$

从而

$$(UV)^n u_{2n+1} = (A^2 - 2)UV((UV)^{n-1}u_{2n-1}) - (UV)^2((UV)^{n-2}u_{2n-3}).$$

因此

$$(UV)^n u_{2n+1} \equiv (A^2-2)UV \sum_{r=0}^{2n-2} U^r V^{2n-2-r} - (UV)^2 \sum_{r=0}^{2n-4} U^r V^{2n-4-r}$$

$$\equiv (U^2+V^2) \sum_{r=0}^{2n-2} U^r V^{2n-2-r} - \sum_{r=0}^{2n-4} U^{r+2} V^{2n-2-r}$$

$$= \sum_{r=0}^{2n-2} U^{r+2} V^{2n-2-r} + \sum_{r=0}^{2n-2} U^r V^{2n-r} - \sum_{r=2}^{2n-2} U^r V^{2n-r}$$

$$= \sum_{r=2}^{2n} U^r V^{2n-r} + U^0 V^{2n} + UV^{2n-1}$$

$$= \sum_{r=0}^{2n} U^r V^{2n-r} \pmod{U^2 - (A^2-2)UV + V^2}.$$

综上, 我们对 $R \in \mathbb{N}$ 归纳证明了(2.6.5).

定理2.6.3. 设 $R \in \mathbb{Z}_+$, $V, W \in \mathbb{Z}$ 且 $|V| > 1$. 则 $W = V^R$ 当且仅当有 $A, C \in \mathbb{Z}$ 使得

$$\begin{cases} |A| > \max\{V^{2R}, W^2\}, \\ C = u_{2R+1}(A, 1), \\ (V-1)WC \equiv VW^2 - 1 \pmod{(A^2-2)V - V^2 - 1}. \end{cases} \tag{2.6.6}$$

证明: 根据引理2.6.3,

$$(V-1)V^R u_{2R+1}(A,1) \equiv V^{2R+1} - 1 \pmod{(A^2-2)V - V^2 - 1}. \tag{2.6.7}$$

假设 $W = V^R$. 取整数 A 使得 $|A| > V^{2R} = W^2$, 再令 $C = u_{2R+1}(A,1)$. 应用(2.6.7)得

$$(V-1)WC \equiv V^{2R+1} - 1 = VW^2 - 1 \pmod{(A^2-2)V - V^2 - 1}.$$

现在假设有 $A, C \in \mathbb{Z}$ 使得(2.6.6)成立, 我们来说明 $W = V^R$. 利用(2.6.7)我们得到

$$W(V^{2R+1} - 1) \equiv W(V-1)V^R C \equiv V^R(VW^2 - 1) \pmod{(A^2-2)V - V^2 - 1},$$

从而

$$(V^R - W)(WV^{R+1} + 1) \equiv 0 \pmod{(A^2-2)V - V^2 - 1}. \tag{2.6.8}$$

显然

$$2 \leqslant |V| \leqslant |V^R| = \sqrt{V^{2R}} \leqslant \sqrt{|A|-1}, \quad |W| = \sqrt{W^2} \leqslant \sqrt{|A|-1},$$

从而

$$\begin{aligned}
2(|A|-1)|V| = (|A|-1)|V| + (|A|-1)|V| \\
\geqslant |A|-1+V^{2R}|V| \geqslant |A|-1+|V|^3 \\
> |A|-1+(|V|-1)(|V|^2+|V|+1) \\
\geqslant |A|-1+|V|^2+|V|+1 = V^2+|A|+|V|.
\end{aligned}$$

于是

$$\begin{aligned}
& |(1+WV^{R+1})(V^B-W)| \\
\leqslant & (1+|V|\sqrt{|A|-1}\sqrt{|A|-1})(\sqrt{|A|-1}+\sqrt{|A|-1}) \\
= & 2\sqrt{|A|-1}+2(\sqrt{|A|-1})^3|V| \\
\leqslant & |A|-1+(|A|-1)^2|V| \\
= & (A^2-2)|V|-V^2-1-[2(|A|-1)|V|-(V^2+|A|+|V|)] \\
< & (A^2-2)|V|-V^2-1 = |(A^2-2)V|-(V^2+1) \\
\leqslant & |(A^2-2)V-V^2-1|.
\end{aligned}$$

将此与(2.6.8)相结合得

$$(1+WV^{R+1})(V^B-W) = 0.$$

由此知 $W \neq 0$, 从而 $|WV^{R+1}| \geqslant |V| \geqslant 2$. 因此 $1+WV^{R+1} \neq 0$, 从而 $W = V^R$.

综上, 定理2.6.3得证.

作者在其博士学位论文[42]中还证明了下述结果:任给整数 $R > 0$, $V > 1$, $W \geqslant 0$ 及 $\delta \in \{0,1\}$, $W = V^R$ 且 $R \equiv \delta \pmod 2$ 当且仅当有 $A, C \in \mathbb{N}$ 使得

$$\begin{cases}
A > \max\{V^{2R}, W^2\}, \\
C = u_{2R+1}(A,1), \\
(V+1)WC \equiv (-1)^\delta(VW^2+1) \pmod{A^2V+(V-1)^2}.
\end{cases}$$

引理2.6.4 ([43]). 设 $m, x \in \mathbb{Z}$ 且 $mx > 0$, 令

$$Q(m,x,y) = 4m(mx+2)x^3y^2+1. \tag{2.6.9}$$

(i) 如果 $Q(m,x,y) \in \square$, 则 $y = 0$ 或者 $|y| > |x|^{|x|}$.

(ii) 对任何 $a \in \mathbb{Z}$ 与 $N \in \mathbb{Z}_+$, 有整数 $y \geqslant N$ 使得 $Q(m,x,y) \in \square$ 且 $y \equiv a \pmod m$.

证明: (i) 假设 $Q(m, x, y) \in \square$ 且 $y \neq 0$. 由于

$$((2mx + 2)^2 - 4)(2xy)^2 + 4 = 4Q(m, x, y) \in \square,$$

依定理2.2.1有 $n \in \mathbb{N}$ 使得 $u_n(2mx + 2, 1) = |2xy| > 0$, 从而

$$n = u_n(2, 1) \equiv u_n(2mx + 2, 1) \equiv 0 \pmod{2x}.$$

因此 $n \geq 2|x|$. 当 $|x| = 1$ 时, $n \geq 2$ 且

$$2|y| = |2xy| = u_n(2mx + 2, 1) \geq u_2(2mx + 2, 1) = 2mx + 2,$$

从而 $|y| > |x|^{|x|} = 1$. 如果 $|x| \geq 2$, 则利用推论1.3.1得

$$2|xy| = u_n(2mx + 2, 1) \geq (2mx + 1)^{n-1} > (2|x|)^{2|x|-1} \geq 2|x|^{|x|+1},$$

从而 $|y| > |x|^{|x|}$.

(ii) 取 $k \in \mathbb{Z}$ 使得 $N \leq k < N + |m|$ 且 $k \equiv a \pmod{m}$. 则

$$u_{2k|x|}(2mx + 2, 1) \equiv u_{2k|x|}(2, 1) = 2k|x| \equiv 2a|x| \pmod{2mx},$$

从而

$$y = \frac{u_{2k|x|}(2mx + 2, 1)}{2|x|} \equiv a \pmod{m}$$

而且

$$y \geq \frac{2k|x|}{2|x|} = k \geq N \quad (\text{利用定理1.3.2}).$$

应用定理1.2.3知,

$$((2mx+2)^2-4)(2|x|y)^2+4 = ((2mx+2)^2-4)u_{2k|x|}(2mx+2, 1)^2+4 = v_{2k|x|}(2mx+2, 1)^2.$$

于是 $v_{2k|x|}(2mx + 2, 1)$ 为偶数且

$$Q(m, x, y) = ((mx + 1)^2 - 1)(2xy)^2 + 1 \in \square.$$

综上, 引理2.6.4得证.

引理2.6.4类似于Y. Matiyasevich与J. Robinson[22] 的第二指数级引理, 但我们的多项式 $Q(m, x, y)$ 更为简洁.

引理2.6.5. 设 $A_1, A_2, S, T \in \mathbb{Z}$, $A_1 \neq A_2$ 且 $S \neq 0$, 则

$$A_1 \in \square \wedge A_2 \in \square \wedge S \mid T$$
$$\iff \exists m \in \mathbb{Z}\,[(T - mS)^4 - 2(A_1 + A_2)S^2(T - mS)^2 + (A_1 - A_2)^2 S^4 = 0].$$

证明: 易见

$$S^{-4}\left((T - mS)^4 - 2(A_1 + A_2)S^2(T - mS)^2 + (A_1 - A_2)^2 S^4\right)$$
$$= \left(\left(\frac{T}{S} - m\right)^2 - (A_1 + A_2)\right)^2 - 4A_1 A_2$$
$$= \left(\left(\frac{T}{S} - m\right)^2 + (A_1 - A_2)\right)^2 - 4A_1\left(\frac{T}{S} - m\right)^2.$$

$\Rightarrow$: 假定 $A_1 = a^2$, $A_2 = b^2$, $cS = T$, 这里 $a, b, c \in \mathbb{Z}$. 令 $m = c - a - b$, 则

$$\left(\frac{T}{S} - m\right)^4 - 2(A_1 + A_2)\left(\frac{T}{S} - m\right)^2 + (A_1 - A_2)^2$$
$$= (a + b)^4 - 2(a^2 + b^2)(a + b)^2 + (a^2 - b^2)^2 = 0,$$

从而

$$(T - mS)^4 - 2(A_1 + A_2)S^2(T - mS)^2 + (A_1 - A_2)^2 S^4 = 0.$$

$\Leftarrow$: 设有 $m \in \mathbb{Z}$ 使得

$$(T - mS)^4 - 2(A_1 + A_2)S^2(T - mS)^2 + (A_1 - A_2)^2 S^4 = 0,$$

则

$$\left(\left(\frac{T}{S} - m\right)^2 - (A_1 + A_2)\right)^2 = 4A_1 A_2, \tag{2.6.10}$$

$$\left(\left(\frac{T}{S} - m\right)^2 + (A_1 - A_2)\right)^2 = 4A_1\left(\frac{T}{S} - m\right)^2. \tag{2.6.11}$$

由(2.6.10)知 $x = \frac{T}{S} - m \in \mathbb{Z}$, 于是 $S \mid T$. 由(2.6.11)知 $(x^2 + A_1 - A_2)^2 = 4A_1 x^2$. 因 $A_1 \neq A_2$, 我们有 $x \neq 0$. 注意 $4A_1 = (x + y)^2$, 这里 $y = \frac{A_1 - A_2}{x}$ 应是个整数. 显然 $x \equiv y \pmod{2}$, 从而

$$A_1 = \left(\frac{x + y}{2}\right)^2 \in \square \text{ 且 } A_2 = A_1 - xy = \left(\frac{x - y}{2}\right)^2 \in \square.$$

综上, 引理2.6.5得证.

定理2.6.4. 有多项式

$$P(t_1, t_2, t_3, x_1, \cdots, x_5) \in \mathbb{Z}[t_1, t_2, t_3, x_1, \cdots, x_5]$$

使得只要$B, V, W \in \mathbb{Z}$, $B > 1$且$|V| > 1$就有

$$W = V^B \iff \exists m, w, x, y, z \in \mathbb{Z}\,[x \neq 0 \land P(B, V, W, m, w, x, y, z) = 0]$$
$$\iff \exists m_0, w_0, x_0, y_0, z_0 \in \mathbb{N}$$
$$\left[\prod_{\varepsilon_1, \cdots, \varepsilon_5 \in \{\pm 1\}} P(B, V, W, \varepsilon_1 m_0, \varepsilon_2 w_0, \varepsilon_3 (x_0 + 1), \varepsilon_4 y_0, \varepsilon_5 z_0) = 0 \right].$$

证明: 假设$B, V, W \in \mathbb{Z}$, $B > 0$且$|V| > 1$. 令

$$A = V + V^2 z, \ C = B + w(A - 2), \ S = AV - V^2 - 1, \ T = (V^2 - 1)WC - V(W^2 - 1),$$

再让D, E, F, G, H, I由(2.5.5)给出. 令

$$P(B, V, W, m, w, x, y, z)$$
$$= (T - mS)^4 - 2(4DFI + Q(V^2, 2B + V^2 + W^2))S^2(T - mS)^2$$
$$+ (4DFI - Q(V^2, 2B + V^2 + W^2))^2 S^4,$$

其中多项式Q由(2.6.9)给出. 显然$P(t_1, t_2, t_3, x_1, \cdots, x_5)$是8元整系数多项式.

定理2.6.4中第二个等价式是显然的, 下面来证第一个等价式.

假如$w, x, y, z \in \mathbb{Z}$. 由于$S \equiv -1 \pmod{V}$且$|V| > 1$, 我们有$S \neq 0$. 注意$Q(V^2, 2B + V^2 + W^2, A)$为奇数, 从而不等于$4DFI$. 应用引理2.6.5知

$$\exists m \in \mathbb{Z}\,[P(B, V, W, m, w, x, y, z) = 0]$$
$$\iff Q(V^2, 2B + V^2 + W^2, A) \in \square \ \land \ 4DFI \in \square \ \land \ S \mid T$$
$$\iff Q(V^2, 2B + V^2 + W^2, A) \in \square \ \land \ DFI \in \square$$
$$\land \ (V^2 - 1)WC \equiv V(W^2 - 1) \pmod{AV - V^2 - 1}.$$

假设有整数m, w, x, y, z使得$x \neq 0$且$P(B, V, W, m, w, x, y, z) = 0$. 由于$A = V + V^2 z \neq 0$且$Q(V^2, 2B + V^2 + W^2, A) \in \square$, 根据引理2.6.4知

$$|A| > (2B + V^2 + W^2)^{2B + V^2 + W^2} \geqslant \max\{2B + 2^2, V^{4B}, W^4\}.$$

考虑到$1 < B < \frac{|A|}{2}$, $A - 2 \mid C - B$, $x \neq 0$且$DFI \in \square$, 应用定理2.5.6得$C = u_B(A,1)$. 而$|A| > \max\{V^{4B}, W^4\}$且$(V^2 - 1)WC \equiv V(W^2 - 1) \pmod{AV - V^2 - 1}$, 应用定理2.6.2便得$W = V^B$.

现在假设$W = V^B$. 根据引理2.6.4有整数z使得$Q(V^2, 2B + V^2 + W^2, A) \in \square$, 这里$A = V + V^2 z$. 因$A \neq 0$, 依引理2.6.4知

$$|A| > (2B + V^2 + W^2)^{2B+V^2+W^2} > 2B + V^2 \geqslant 2B + 4.$$

由于$u_B(A,1) \equiv u_B(2,1) = B \pmod{A-2}$, 有$w \in \mathbb{Z}$使得$C = B + (A-2)w = u_B(A,1)$. 根据定理2.5.6, 有整数$x \neq 0$与整数$y$使得$DFI \in \square$. 依引理2.6.1也有

$$(V^2-1)WC = V(V^2-1)V^{B-1}u_B(A,1) \equiv V(V^{2B}-1) = V(W^2-1) \pmod{AV-V^2-1}.$$

因此有$m \in \mathbb{Z}$使得$P(B,V,W,m,w,x,y,z) = 0$.

综上, 定理2.6.4证毕.

第3章 可计算性理论

在日常生活、科学研究与工程设计中都少不了计算. 究竟什么叫计算? 什么叫算法? 直观上讲, 算法就是一系列计算规则, 给定初始数据后根据算法能得出一个计算过程.

在二十世纪三十年代, 逻辑学家们从多个角度探究计算的本质, 最终弄清什么是可计算.

§3.1 原始递归函数

我们把自变量在N上变化且函数值都在N中的函数 $f(x_1, \cdots, x_n)$ 叫作数论函数.

我们把零函数 $O(x) = 0$, 后继函数 $S(x) = x + 1$, 与射影函数 $I_{nk}(x_1, \cdots, x_n) = x_k$ $(1 \leqslant k \leqslant n)$ 统称为本原函数.

对于 m 元数论函数 g 与 n 元函数 $h_1, \cdots, h_m$, 我们可作它们的复合如下:

$$f(x_1, \cdots, x_n) = g(h_1(x_1, \cdots, x_n), \cdots, h_m(x_1, \cdots, x_n)).$$

给了 n 元函数 g 与 $n + 2$ 元函数 h, 我们可通过下述原始递归式来定义新函数 f:

$$\begin{cases} f(x_1, \cdots, x_n, 0) = g(x_1, \cdots, x_n), \\ f(x_1, \cdots, x_n, y + 1) = h(x_1, \cdots, x_n, y, f(x_1, \cdots, x_n, y)). \end{cases}$$

由本原函数出发, 利用函数的复合与原始递归有限次后得到的数论函数叫作原始递归函数 (primitive recursive function). 原始递归函数类是Th. Skolem在1923年引入的.

$x + y$, xy 与 x^y 都是原始递归函数, 因为

$$\begin{cases} x + 0 = x, \\ x + (y + 1) = S(x + y); \end{cases} \qquad \begin{cases} x \cdot 0 = 0, \\ x(y + 1) = xy + x; \end{cases} \qquad \begin{cases} x^0 = 1, \\ x^{y+1} = x^y x. \end{cases}$$

阶乘函数也是原始递归的, 因为

$$\begin{cases} 0! = 1, \\ (n + 1)! = n! \times (n + 1). \end{cases}$$

定义算术差如下:

$$x \dot{-} y = \begin{cases} x - y & \text{如果 } x \geqslant y, \\ 0 & \text{此外}. \end{cases}$$

前驱函数$D(x) = x \dot- 1$与$x \dot- y$都是原始递归的, 因为

$$\begin{cases} D(0) = 0, \\ D(x+1) = x; \end{cases} \quad \begin{cases} x \dot- 0 = x, \\ x \dot- (y+1) = D(x \dot- y). \end{cases}$$

注意

$$\min(x,y) = x \dot- (x \dot- y),\ \max(x,y) = (x+y) \dot- \min(x,y),\ |x-y| = (x \dot- y) + (y \dot- x)$$

以及

$$\delta(x,y) = 1 \dot- |x-y| = \begin{cases} 1 & \text{如果 } x = y, \\ 0 & \text{此外}, \end{cases}$$

都是原始递归函数.

符号函数

$$\text{sgn}(x) = \begin{cases} 0 & \text{如果 } x = 0, \\ 1 & \text{如果 } x > 0, \end{cases}$$

是原始递归的, 因为

$$\begin{cases} \text{sgn}(0) = 0, \\ \text{sgn}(x+1) = 1. \end{cases}$$

定义

$$\text{rem}(x,y) = \begin{cases} x\text{模}y\text{的最小非负余数} & \text{如果 } y > 0, \\ x & \text{如果 } y = 0. \end{cases}$$

这是原始递归函数, 因为

$$\begin{cases} \text{rem}(0,y) = 0, \\ \text{rem}(x+1,y) = (\text{rem}(x,y)+1)\text{sgn}(y \dot- (\text{rem}(x,y)+1)) + (x+1)(1 \dot- \text{sgn}(y)). \end{cases}$$

对实数α, 让$\lfloor \alpha \rfloor$表示α的整数部分. 定义

$$\text{quo}(x,y) = \begin{cases} \lfloor \frac{x}{y} \rfloor & \text{如果 } y > 0, \\ 0 & \text{如果 } y = 0. \end{cases}$$

这是原始递归函数, 因为

$$\begin{cases} \text{quo}(0,y) = 0, \\ \text{quo}(x+1,y) = \text{quo}(x,y) + (1 \dot- \text{rem}(x+1,y)). \end{cases}$$

对于

$$f(x_1,\cdots,x_m,y) = \sum_{n<y} g(x_1,\cdots,x_m,n),$$

我们有原始递归式

$$\begin{cases} f(x_1,\cdots,x_m,0) = 0, \\ f(x_1,\cdots,x_m,y+1) = f(x_1,\cdots,x_m,y) + g(x_1,\cdots,x_m,y), \end{cases}$$

因此g为原始递归函数时f也是. 对于

$$f(x_1,\cdots,x_m,y) = \prod_{n<y} g(x_1,\cdots,x_m,n),$$

我们有原始递归式

$$\begin{cases} f(x_1,\cdots,x_m,0) = 1, \\ f(x_1,\cdots,x_m,y+1) = f(x_1,\cdots,x_m,y)g(x_1,\cdots,x_m,y), \end{cases}$$

因此原始递归函数类对求积算子封闭.

函数$\lfloor\sqrt{x}\rfloor$是原始递归的, 因为

$$\begin{cases} \lfloor\sqrt{0}\rfloor = 0, \\ \lfloor\sqrt{x+1}\rfloor = \lfloor\sqrt{x}\rfloor + \mathrm{sgn}\left(\sum_{n=0}^{x+1} |x+1-n^2|\right). \end{cases}$$

除数函数$\tau(n)$表示$0,\cdots,n$中整除n的数的个数, 这是原始递归函数, 因为

$$\tau(n) = \sum_{d=0}^{n} (1 \dot- \mathrm{rem}(n,d)).$$

让$\mathbb{P}$表示全体素数集, 它的特征函数

$$1_{\mathbb{P}}(n) = \delta(\tau(n),2) = \begin{cases} 1 & \text{如果 } n\text{为素数(即}n \in \mathbb{P}), \\ 0 & \text{此外}, \end{cases}$$

让$\pi(x)$表示不超过x的素数个数, 这是原始递归函数, 因为$\pi(x) = \sum_{n\leqslant x} 1_{\mathbb{P}}(n)$.

对于$n+1$元数论函数g, 如果有自然数$x < y$使得$g(x_1,\cdots,x_n,x) = 0$, 就让$\mu x < y[g(x_1,\cdots,x_n,x)=0]$表示最小的这样的$x$; 如果对任何自然数$z < y$都有$g(x_1,\cdots,x_n,z)\neq$

0, 则定义$\mu x < y[g(x_1, \cdots, x_n, x) = 0] = y$. 我们把$\mu x < y$称为受限$\mu$算子. 如果$n + 1$元函数$g$为原始递归函数, 则

$$\mu x < y[g(x_1, \cdots, x_n, x) = 0] = \sum_{x < y} \prod_{w=0}^{x} \mathrm{sgn}(g(x_1, \cdots, x_n, w))$$

也是原始递归函数.

把由小到大的素数$2, 3, 5, 7, \cdots$分别记为$p_0, p_1, p_2, p_3, \cdots$. 由于Fermat数$F(n) = 2^{2^n} + 1$ $(n \in \mathbb{N})$两两互素(参见孙智伟[48]), 它们的最小素因子两两不同且为奇数, 我们有$p_n \leqslant F(n)$. 由于$p_n = \mu x \leqslant F(n)[(n + 1) \dot{-} \pi(x) = 0]$, 函数$p_n$是原始递归的. 自然数$x$在素数$p_n$处的阶

$$\mathrm{ord}_{p_n}(x) = \begin{cases} \max\{a \in \mathbb{N} : p_n^a \mid x\} & \text{如果 } x > 0, \\ 0 & \text{如果 } x = 0, \end{cases}$$

是原始递归函数, 因为

$$\mathrm{ord}_{p_n}(x) = \left(\sum_{k=0}^{x} (1 \dot{-} \mathrm{rem}(x, p_n^k)) \right) \dot{-} 1.$$

大家知道, 集合论的创始人Cantor建立了Descartes积$\mathbb{N} \times \mathbb{N}$到$\mathbb{N}$的一一对应. 他把有序对$(x, y) \in \mathbb{N} \times \mathbb{N}$按照$x + y$的值由小到大排, $x + y$相同时x小的先排, 由此排出

$$(0, 0), (0, 1), (1, 0), (0, 2), (1, 1), (2, 0), (0, 3), (1, 2), (2, 1), (3, 0), \cdots$$

我们来算算这样排列后有序对(x, y)的Cantor编号, 即它前面的有序对个数

$$\mathrm{Cantor}(x, y) = |\{(m, n - m) : 0 \leqslant n < x + y \text{ 且 } 0 \leqslant m \leqslant n\}|$$
$$+ |\{(m, x + y - m) : 0 \leqslant m < x\}|$$
$$= \sum_{0 \leqslant n < x+y} (n + 1) + x = \sum_{k=0}^{x+y} k + x$$
$$= \frac{(x + y)(x + y + 1)}{2} + x = T(x + y) + x,$$

这里

$$T(n) = \frac{n(n + 1)}{2} = \left\lfloor \frac{n(n + 1)}{2} \right\rfloor.$$

因此配对函数$\mathrm{Cantor}(x, y)$是原始递归函数. 设$\mathrm{Cantor}(x, y) = z$, 则

$$8z + 1 = (2x + 2y + 1)^2 + x, \quad \sqrt{8z + 1} \dot{-} 1 = 2(x + y),$$

从而$x = L(z)$且$y = R(z)$, 这里

$$L(z) = z \mathbin{\dot-} T\left(\left\lfloor \frac{\lfloor \sqrt{8z+1} \rfloor \mathbin{\dot-} 1}{2} \right\rfloor\right) \text{ 且 } R(z) = \left\lfloor \frac{\lfloor \sqrt{8z+1} \rfloor \mathbin{\dot-} 1}{2} \right\rfloor \mathbin{\dot-} L(z).$$

注意配对左函数$L(z)$与配对右函数$R(z)$也都是原始递归函数.

其实, 从$\mathbb{N} \times \mathbb{N}$到$\mathbb{N}$有个简单的一一对应: $(x, y) \mapsto 2^x(2y+1) - 1$. 如果$2^x(2y+1) - 1 = z$, 则

$$x = \mathrm{ord}_2(z+1) \text{ 且 } y = \left\lfloor \frac{\lfloor (z+1)/2^{\mathrm{ord}_2(z+1)} \rfloor \mathbin{\dot-} 1}{2} \right\rfloor.$$

这里涉及的函数也都是原始递归的.

对于有穷长自然数序列, 我们递归定义其Cantor编号:

$$\begin{cases} \mathrm{Cantor}(a_1) = a_1, \\ \mathrm{Cantor}(a_1, \cdots, a_{n+1}) = \mathrm{Cantor}(\mathrm{Cantor}(a_1, \cdots, a_n), a_{n+1}). \end{cases}$$

n元函数$\mathrm{Cantor}(x_1, \cdots, x_n)$是原始递归的. 由$x = \mathrm{Cantor}(x_1, \cdots, x_n)$求$x_i$的函数$\pi_i(x) = x_i \ (1 \leqslant i \leqslant n)$也是原始递归的.

利用数论中的算术基本定理, **Gödel**把有穷长的自然数序列$a_0, \cdots, a_n$对应于其Gödel编号

$$G(a_0, \cdots, a_n) = \prod_{k=0}^{n} p_k^{a_k},$$

由这个编号可用下述方式找回原来的那个序列:

$$a_k = \mathrm{ord}_{p_k}(G(a_1, \cdots, a_n)) \ (k = 1, \cdots, n).$$

Fibonacci 数F_n作为n的函数是原始递归的, 这是因为$F_n = \mathrm{ord}_{p_n}\mathcal{F}(n)$, 这里

$$\mathcal{F}(n) = \prod_{k=0}^{n} p_k^{F_k}$$

满足原始递归式

$$\begin{cases} \mathcal{F}(0) = 1, \\ \mathcal{F}(n+1) = \mathcal{F}(n) \times p_{n+1}^{(1 \dot- n) + \mathrm{ord}_{p_n}\mathcal{F}(n) + \mathrm{ord}_{p_{n\dot-1}}\mathcal{F}(n)}. \end{cases}$$

本原函数显然是直观上可计算的函数, 直观上可计算函数类显然对函数的复合与原始递归封闭. 因此原始递归函数都是直观上可计算的数论函数.

已知原始递归函数类对下述种种递归式封闭(参见R. Peter[28]):

(i) 联立递归式:

$$\begin{cases} f_1(x_1, \cdots, x_n, 0) = g_1(x_1, \cdots, x_n), \\ \qquad \vdots \\ f_k(x_1, \cdots, x_n, 0) = g_k(x_1, \cdots, x_n), \\ f_i(x_1, \cdots, x_n, y+1) = h_i(x_1, \cdots, x_n, y, f_1(x_1, \cdots, x_n, y), \cdots, f_k(x_1, \cdots, x_n, y)) \\ \qquad\qquad\qquad\qquad (i = 1, \cdots, k). \end{cases}$$

(ii) 参数变异递归式:

$$\begin{cases} f(x_1, \cdots, x_n, 0) = g(x_1, \cdots, x_n), \\ f(x_1, \cdots, x_n, y+1) = H(x_1, \cdots, x_n, y, f(h_1(x_1, \cdots, x_n, y), \cdots, h_n(x_1, \cdots, x_n, y), y)). \end{cases}$$

(iii) 单重嵌套递归式:

$$\begin{cases} f(x, 0) = g(x), \\ f(x, y+1) = H(x, y, f(h(x, y, f(x, y)), x)). \end{cases}$$

(iv) 无嵌套多重递归式:

$$\begin{cases} f(0, y) = g_1(y), \\ f(x+1, 0) = g_2(x), \\ f(x+1, y+1) = H(x, y, f(x, h(x, y)), f(x+1, y)). \end{cases}$$

§3.2 部分递归函数

T. Skolem在1924年声称直观上可计算函数类就是原始递归函数类, 但是Ackermann在1928年通过如下构造的Ackermann函数$A(m, n)$反驳了Skolem的断言.

$$\begin{cases} A(0, n) = n + 1, \\ A(m+1, 0) = A(m, 1), \\ A(m+1, n+1) = A(m, A(m+1, n)). \end{cases}$$

上述嵌套二重递归式给出的$A(m, n)$对任何$m, n \in \mathbb{N}$都有定义, 这可对m归纳看出. 对任何$n \in \mathbb{N}$, $A(0, n)$被定义成$n + 1$. 假如$m \in \mathbb{N}$, 且$A(m, n)$对任何$n \in \mathbb{N}$都有定义. 我们

对n归纳来说明$A(m+1,n)$对任何$n \in \mathbb{N}$都有定义: $A(m+1,0)$已被定义成$A(m,1)$; 如果$A(m+1,n)$有定义, 则$A(m,A(m+1,n))$有定义, 从而$A(m+1,n+1)$取此值.

易见

$$
\begin{aligned}
A(1,2) &= A(0,A(1,1)) = A(0,A(0,A(1,0))) \\
&= A(0,A(0,A(0,1))) = A(0,A(0,2)) \\
&= A(0,3) = 4.
\end{aligned}
$$

由于

$$
\begin{cases}
A(1,0) = A(0,1) = 2, \\
A(1,n+1) = A(0,A(1,n)) = A(1,n)+1,
\end{cases}
$$

归纳知对任何$n \in \mathbb{N}$有$A(1,n) = n+2$. 考虑到

$$
\begin{cases}
A(2,0) = A(1,1) = 3, \\
A(2,n+1) = A(1,A(2,n)) = A(2,n)+2,
\end{cases}
$$

归纳知对任何$n \in \mathbb{N}$有$A(2,n) = 2n+3$.

Ackermann函数增长极快. 例如: $A(4,2)$已有19 729个十进位,

$$
A(4,3) = 2^{2^{65\,536}} - 3 \text{ 约为 } 10^{10^{19\,727.78}}.
$$

引理3.2.1. 对任何$m,n \in \mathbb{N}$我们有

$$
A(m,n) < A(m,n+1) \leqslant A(m+1,n).
$$

当$k,m,n \in \mathbb{N}$时, 有不等式

$$
kA(m,n) < A(k+m+2,n).
$$

证明: (i) 先对$m \in \mathbb{Z}_+$归纳说明

$$
\forall n \in \mathbb{N}\,[A(m,n) > n+1].
$$

注意$A(1,n) = n+2 > n+1$. 假设$m \in \mathbb{Z}_+$且$\forall n \in \mathbb{N}\,[A(m,n) > n+1]$, 则

$$
A(m+1,0) = A(m,1) > 1+1 > 0+1.
$$

如果 $n \in \mathbb{N}$ 且 $A(m+1,n) > n+1$, 则还有

$$A(m+1,n+1) = A(m, A(m+1,n)) > A(m+1,n) + 1 > (n+1) + 1.$$

(ii) 现在来说明 $m, n \in \mathbb{N}$ 时 $A(m,n) < A(m, n+1)$.

注意 $A(0,n) = n+1 < n+2 = A(0, n+1)$. $m \in \mathbb{Z}_+$ 时, 利用(i)知

$$A(m, n+1) = A(m \dot{-} 1, A(m,n)) > A(m,n).$$

(iii) 固定 $m \in \mathbb{N}$, 对 $n \in \mathbb{N}$ 归纳说明 $A(m+1,n) \geqslant A(m, n+1)$.

显然 $A(m+1,0) = A(m,1) \geqslant A(m, 0+1)$. 假如 $n \in \mathbb{N}$ 且 $A(m+1,n) \geqslant A(m, n+1)$, 则利用(i)可得

$$A(m+1,n) \geqslant A(m, n+1) \geqslant (n+1) + 1,$$

从而结合(ii)进一步得到

$$A(m+1, n+1) = A(m, A(m+1,n)) \geqslant A(m, (n+1) + 1).$$

(iv) 固定 $m, n \in \mathbb{N}$, 对 $k \in \mathbb{N}$ 归纳说明 $kA(m,n) \leqslant A(k+m+2, n)$.

由(i)知 $0A(m,n) = 0 \leqslant n < A(0+m+2, n)$. 由(ii)与(iii)知

$$A(m,n) < A(m+2, n) < A(1+m+2, n).$$

假设 $k \in \mathbb{Z}_+$ 且 $kA(m,n) < A(k+m+2, n)$, 则利用(ii)与(iii)得

$$
\begin{aligned}
(k+1)A(m,n) &\leqslant A(m,n) + A(k+m+2, n) \leqslant 2A(k+m+2, n) \\
&< 2A(k+m+2, n) + 3 = A(2, A(k+m+2, n)) \\
&\leqslant A(k+m+1, A(k+m+2, n)) = A(k+m+2, n+1) \\
&< A(k+m+3, n) = A((k+1)+m+2, n).
\end{aligned}
$$

综上, 引理3.2.1得证.

定理3.2.1 (Ackermann). (i) 对任何原始递归函数 $f(x_1, \cdots, x_n)$, 有常数 $t_f \in \mathbb{N}$ 使得

$$\forall x_1, \cdots, x_n \in \mathbb{N} \left[f(x_1, \cdots, x_n) < A(t_f, x_1 + \cdots + x_n) \right].$$

(ii) Ackermann函数 $A(m,n)$ 不是原始递归函数.

证明: 我们先说明(i)蕴含着(ii). 假如$A(x,y)$是原始递归函数, 则$f(x) = A(x,x)$也是原始递归的. 在(i)之下, 有$t_f \in \mathbb{N}$使得对任何$x \in \mathbb{N}$有$A(x,x) = f(x) < A(t_f, x)$, 取$x = t_f$即得矛盾.

下面根据原始递归函数的构造来归纳证明(i).

注意
$$O(x) < A(0,x) = x+1, \ S(x) = A(0,x) < A(1,x).$$

$1 \leqslant k \leqslant n$时,
$$I_{nk}(x_1, \cdots, x_n) = x_k < x_1 + \cdots + x_n + 1 = A(0, x_1 + \cdots + x_n).$$

假设
$$f(x_1, \cdots, x_n) = g(h_1(x_1, \cdots, x_n), \cdots, h_m(x_1, \cdots, x_n)),$$
且对g及诸h_i $(1 \leqslant i \leqslant m)$有相应的常数$t_g$及$t_{h_i}$使得
$$g(y_1, \cdots, y_m) < A(t_g, y_1 + \cdots + y_n)$$
而且
$$h_i(x_1, \cdots, x_n) < A(t_{h_i}, x_1 + \cdots + x_n) \ (i = 1, \cdots, m).$$

令$t = \max\{t_g, t_{h_1}, \cdots, t_{h_m}\}$. 利用引理3.2.1得
$$\begin{aligned}
f(x_1, \cdots, x_n) &= g(h_1(x_1, \cdots, x_n), \cdots, h_m(x_1, \cdots, x_n)) \\
&< A(t_g, h_1(x_1, \cdots, x_n) + \cdots + h_m(x_1, \cdots, x_n)) \\
&\leqslant A\left(t_g, \sum_{i=1}^m A(t_{h_i}, x_1 + \cdots + x_n)\right) \\
&\leqslant A(t, mA(t, x_1 + \cdots + x_n)) \\
&\leqslant A(t, A(m+t+2, x_1 + \cdots + x_n)) \\
&\leqslant A(m+t+1, A(m+t+2, x_1 + \cdots + x_n)) \\
&= A(m+t+2, x_1 + \cdots + x_n + 1) \\
&\leqslant A(m+t+3, x_1 + \cdots + x_n).
\end{aligned}$$

假设
$$\begin{cases} f(x_1, \cdots, x_n, 0) = g(x_1, \cdots, x_n), \\ f(x_1, \cdots, x_n, y+1) = h(x_1, \cdots, x_n, y, f(x_1, \cdots, x_n, y)), \end{cases}$$

且有常数$t_g, t_h \in \mathbb{N}$使得

$$g(x_1, \cdots, x_n) < A(t_g, x_1 + \cdots + x_n)$$

并且

$$h(x_1, \cdots, x_n, y, z) < A(t_h, x_1 + \cdots + x_n + y + z).$$

令$t = t_g + t_h + 5$, 我们对y归纳说明

$$f(x_1, \cdots, x_n, y) + x_1 + \cdots + x_n < A(t, x_1 + \cdots + x_n + y). \tag{3.2.1}$$

显然

$$
\begin{aligned}
& f(x_1, \cdots, x_n, 0) + x_1 + \cdots + x_n + 0 \\
={}& g(x_1, \cdots, x_n) + x_1 + \cdots + x_n \\
<{}& A(t_g, x_1 + \cdots + x_n) + A(0, x_1 + \cdots + x_n) \\
\leqslant{}& 2A(t_g, x_1 + \cdots + x_n) \\
<{}& A(2 + t_g + 2, x_1 + \cdots + x_n) \\
\leqslant{}& A(t, x_1 + \cdots + x_n + 0).
\end{aligned}
$$

假如$y \in \mathbb{N}$且(3.2.1)成立, 则利用引理3.2.1可得

$$
\begin{aligned}
& f(x_1, \cdots, x_n, y+1) + x_1 + \cdots + x_n + y + 1 \\
={}& h(x_1, \cdots, x_n, y, f(x_1, \cdots, x_n, y)) + x_1 + \cdots + x_n + y + 1 \\
<{}& A(t_h, x_1 + \cdots + x_n + y + f(x_1, \cdots, x_n, y)) + A(0, x_1 + \cdots + x_n + y) \\
\leqslant{}& 2A(t_h, x_1 + \cdots + x_n + y + f(x_1, \cdots, x_n, y)) \\
\leqslant{}& A(2 + t_h + 2, x_1 + \cdots + x_n + y + f(x_1, \cdots, x_n, y)) \\
\leqslant{}& A(t-1, A(t, x_1 + \cdots + x_n + y)) = A(t, x_1 + \cdots + y + 1).
\end{aligned}
$$

因此(3.2.1)对任何$y \in \mathbb{N}$都成立.

综上, 定理3.2.1证毕.

对于处处有定义的$n+1$元函数$g(x_1, \cdots, x_n, y)$, 如果有$y \in \mathbb{N}$使得$g(x_1, \cdots, x_n, y) = 0$, 我们就定义

$$f(x_1, \cdots, x_n) = \mu y[g(x_1, \cdots, x_n, y) = 0]$$

为最小的这样的$y \in \mathbb{N}$; 如果没有$y \in \mathbb{N}$使得$g(x_1, \cdots, x_n, y) = 0$, 我们就说$f(x_1, \cdots, x_n) = \mu y[g(x_1, \cdots, x_n, y) = 0]$在$(x_1, \cdots, x_n)$处无定义或发散(记为↑). 函数$f$叫作由$g$应用$\mu$算子

得到. 如果g是直观上可计算的, 则由μ算子作出的函数f在它有定义处也是直观上可计算的, 事实上, 我们可对y由小到大搜索寻找满足$g(x_1, \cdots, x_n, y) = 0$的最小自然数$y$.

由本原函数出发, 利用函数的复合、原始递归及μ算子有穷次后得到的数论函数叫作(部分)递归函数. 部分递归函数在它有定义处都是直观上可计算的. 如果一个递归函数处处有定义, 我们就称它为完全递归函数. Ackermann函数虽然不是原始递归函数, 但是可证它是完全递归函数(参见张鸣华[61, 定理1.15]). 因此完全递归函数类比原始递归函数类要大.

给定有穷长自然数序列$a_0, \cdots, a_n$, 任取个自然数$b \geqslant \max\{a_0, \cdots, a_n\}$使得$n! \mid b$. $0 \leqslant i < j \leqslant n$时, $b(i+1)+1$与$b(j+1)+1$的最大公因子d与b互素, 从而也与$n!$互素, 于是由d整除$b(j+1)+1-(b(i+1)+1) = b(j-i)$知$d$只能是1. 因此诸$b(i+1)+1 \ (i = 0, \cdots, n)$两两互素, 于是依中国剩余定理知有唯一的自然数$a < \prod\limits_{i=0}^{n}(b(i+1)+1)$使得

$$a \equiv a_i \ (\mathrm{mod} \ bi+1) \ \ (i = 0, \cdots, n).$$

任给$0 \leqslant i \leqslant n$, 由于$0 \leqslant a_i \leqslant b < b(i+1)+1$, a_i恰为

$$\beta(a, b, i) = \mathrm{rem}(a, b(i+1)+1).$$

这个β函数及上述编码技术是Gödel在1931年引入的.

对$w, i \in \mathbb{N}$, 我们定义

$$T(w, i) = \mathrm{rem}(L(w), (i+1)R(w)+1).$$

显然$a, b, i \in \mathbb{N}$时$T(\mathrm{Cantor}(a, b), i) = \beta(a, b, i)$.

C. S. Kleene[17]在1936年证明了从本原函数与$\delta(x, y), x+y, x \cdot y$出发, 利用函数的复合与$\mu$算子(不需原始递归式)可作出所有部分递归函数. J. Robinson[35] 在1950年指出可把Kleene结果中三个额外函数$\delta(x, y), x+y, xy$换成两个: 加法函数$x+y$与平方数特征函数$s(x)$. 作者在1987年发表了下述结果.

定理3.2.2 (孙智伟 [41]). 由本原函数与

$$\mathrm{dv}(x, y) = \begin{cases} 1 & \text{如果}x \mid y, \\ 0 & \text{此外}, \end{cases}$$

利用函数复合以及μ算子可得到任何递归函数.

证明: 把从本原函数与dv(x, y)出发, 利用函数复合与μ算子有限次得到的函数构成的函数类记为$\mathcal{F}$.

(i) 我们先给出函数类$\mathcal{F}$中一些具体的函数例子.

首先注意函数

$$N(x) = 1 \mathbin{\dot-} \mathrm{sgn}(x) = \mathrm{dv}(0, x), \ \ \mathrm{sgn}(x) = N(N(x)),$$

$$N(x)N(y) = N(\mathrm{dv}(\mathrm{sgn}(x), N(y))), \ \mathrm{sgn}(x)\mathrm{sgn}(y) = N(N(x))N(N(y))$$

都属于$\mathcal{F}$. 函数

$$\delta(x, y) = \mathrm{sgn}(\mathrm{dv}(x, y))\mathrm{sgn}(\mathrm{dv}(y, x))$$

也属于$\mathcal{F}$.

对于$n+1$元数论函数f,

$$\mu x < y[(f(x_1, \cdots, x_n, x) = 0] = \mu x\, [N(N(f(x_1, \cdots, x_n, x))N(\delta(x, y))) = 0].$$

故$\mathcal{F}$对受限μ算子封闭.

前驱函数

$$D(x) = \mu t < x\, [N(\delta(S(t), x)) = 0]$$

属于$\mathcal{F}$. 对于$n+1$元数论函数f,

$$\prod_{x < y} N(f(x_1, \cdots, x_n, y))$$

$$= N(\mathrm{sgn}(y)\mathrm{sgn}(f(x_1, \cdots, x_n, \mu x < D(y)\, [N(f(x_1, \cdots, x_n, x)) = 0]))).$$

故$f \in \mathcal{F}$时$g(x_1, \cdots, x_n, y) = \prod\limits_{x < y} N(f(x_1, \cdots, x_n, y))$也属于$\mathcal{F}$.

函数

$$N(x \mathbin{\dot-} y) = \prod_{t < S(y)} N(\mathrm{dv}(S(x), S(t)))$$

与最小公倍数函数

$$\mathrm{lcm}(x, y) = \mu t\, [N(\mathrm{sgn}(\mathrm{sgn}(\mathrm{dv}(x, t))\mathrm{sgn}(\mathrm{dv}(y, t)))\mathrm{sgn}(S(t) \mathbin{\dot-} \mathrm{sgn}(x)\mathrm{sgn}(y))) = 0]$$

属于$\mathcal{F}$. 函数

$$\min(x, y) = \mu t\, [N((N(t \mathbin{\dot-} x)N(t \mathbin{\dot-} y))N(N(\delta(t, x))N(\delta(t, y)))) = 0]$$

与

$$\max(x,y) = \mu t\left[N(N(x\dot{-}t)N(y\dot{-}t)) = 0\right],$$

以及

$$xN(y) = N(y)x = \mathrm{lcm}(x, N(y)) \quad \text{与} \quad x + N(y) = \max(x, S(x)N(y))$$

也都属于 $\mathcal{F}$.

最大公因子函数

$$\gcd(x,y) = \mu t\left[N\left(N(N(S(t)\dot{-}\max(\mathrm{sgn}(x),\mathrm{sgn}(y))))\right.\right.$$
$$\left.\left.\times \prod_{s<S(\max(x,y))} N(\min(\mathrm{sgn}(\mathrm{dv}(s,x))\mathrm{sgn}(\mathrm{dv}(s,y)), N\mathrm{dv}(s,t)))\right) = 0\right]$$

也属于函数 $\mathcal{F}$.

定义

$$x \triangleleft y = x + y - \mathrm{rem}(y,x) = \begin{cases} x(1 + \lfloor \frac{y}{x} \rfloor) & \text{如果} x > 0, \\ 0 & \text{如果} x = 0. \end{cases}$$

此函数属于 $\mathcal{F}$, 因为

$$x \triangleleft y = \mu t\left[xN(\mathrm{dv}(x,t)N(N(t\dot{-}y))) = 0\right].$$

由此知乘积函数

$$xy = \gcd(x,y)\mathrm{lcm}(x,y)$$
$$= ((\gcd(x,y) \triangleleft \mathrm{lcm}(\gcd(x,y), D(\mathrm{lcm}(x,y))))N(N(x))N(N(y))$$

属于 $\mathcal{F}$. 由于

$$(xt+1)(yt+1) = t^2(xy+1) + 1 \iff t = 0 \lor t = x + y,$$

加法函数

$$x + y = \mu\left[N(N(N(N(x)N(y))\dot{-}t)\delta(S(xt)S(yt), S(t^2 * S(xy)))) = 0\right]$$

与算术差函数

$$x \dot{-} y = \mu t\left[N(\delta(t+y,x))N(N(x\dot{-}y)) = 0\right]$$

也属于 $\mathcal{F}$.

注意函数

$$\mathrm{rem}(y,x) = (x+y) \dot{-} (x \triangleleft y),$$

$$\left\lfloor \frac{x}{2} \right\rfloor = \mu t \left[N(2S(t) \dot{-} x) = 0 \right],$$

$$\lfloor \sqrt{x} \rfloor = \mu t \left[N((S(t))^2 \dot{-} x) = 0 \right.$$

属于 $\mathcal{F}$. 现在可见 $\mathrm{Cantor}(x,y)$, $L(x)$ 与 $R(x)$ 也都属于函数类 $\mathcal{F}$.

假设

$$\begin{cases} f(x_1, \cdots, x_n, 0) = g(x_1, \cdots, x_n), \\ f(x_1, \cdots, x_n, y+1) = h(x_1, \cdots, x_n, y, f(x_1, \cdots, x_n, y)). \end{cases}$$

对于有穷序列

$$f(x_1, \cdots, x_n, 0), \cdots, f(x_1, \cdots, x_n, y),$$

依 Gödel 编码技术有 $a, b \in \mathbb{N}$ 使得 $\beta(a,b,i) = f(x_1, \cdots, x_n, i)$ $(i = 0, \cdots, y)$, 从而有 $w \in \mathbb{N}$ 使得

$$T(w, i) = f(x_1, \cdots, x_n, i) \quad (i = 0, \cdots, y).$$

这样的 $w \in \mathbb{N}$ 就是使得

$$T(w,0) = g(x_1, \cdots, x_n) \wedge (\mu_j[(y \dot{-} j)\delta(T(w, j+1), h(x_1, \cdots, x_n, j, T(w,j))) = 0] = y$$

的 $w \in \mathbb{N}$. 因此

$$f(x_1, \cdots, x_n, y) = T(\mu w [F(x_1, \cdots, x_n, y, w) = 0], y),$$

其中 $F(x_1, \cdots, x_n, y, w)$ 指

$$\delta(\delta(T(w,0), g(x_1, \cdots, x_n))) \delta(\mu_j[(y \dot{-} j)\delta(T(w, j+1), h(x_1, \cdots, x_n, j, T(w,j))) = 0], y), 1).$$

由此可见 $g, h \in \mathcal{F}$ 时亦有 $f \in \mathcal{F}$.

既然函数类 $\mathcal{F}$ 对原始递归式封闭, $\mathcal{F}$ 就与递归函数类完全一致. 定理 3.2.2 证毕.

定理3.2.3 (Kleene法式定理). 任给部分递归函数 $f(x_1, \cdots, x_n)$, 存在原始递归函数 $g(x_1, \cdots, x_n, x_{n+1})$ 使得

$$f(x_1, \cdots, x_n) = L(\mu z[g(x_1, \cdots, x_n, z) = 0]).$$

证明: 假设有一元原始递归函数$A(x)$与$n+1$元原始递归函数$B(x_1,\cdots,x_n,x_{n+1})$使得

$$f(x_1,\cdots,x_n)=A(\mu y[B(x_1,\cdots,x_n,y)=0]).$$

如果有最小的$y\in\mathbb{N}$使得$B(x_1,\cdots,x_n,y)=0$, 则这也是使得

$$\tilde{B}(x_1,\cdots,x_n,y)=B(x_1,\cdots,x_n,y)^2+\left(1\dot{-}\prod_{x<y}B(x_1,\cdots,x_n,x)\right)^2$$

为0的唯一的$y\in\mathbb{N}$, 于是$z=\mathrm{Cantor}(A(y),y)$是使得原始递归函数

$$g(x_1,\cdots,x_n,z)=\tilde{B}(x_1,\cdots,x_n,R(z))^2+|A(R(z))-L(z)|^2$$

为0的唯一自然数值. 因此

$$f(x_1,\cdots,x_n)=L(\mu z\,[g(x_1,\cdots,x_n,z)=0]).$$

根据上一段的推理, 我们只需再证下述断言: 对任何部分递归函数$f(x_1,\cdots,x_n)$有一元原始递归函数$A(x)$与$n+1$元原始递归函数$B(x_1,\cdots,x_n,x_{n+1})$使得

$$f(x_1,\cdots,x_n)=A(\mu y[B(x_1,\cdots,x_n,y)=0]).$$

显然

$$O(x)=\mu y\,[y=0]=\mu y\,[I_{21}(x,y)=0],$$
$$S(x)=\mu y\,[S(x)\dot{-}y=0],$$
$$\mathrm{dv}(x,y)=\mu z\,[|z-\mathrm{dv}(x,y)|=0].$$

如果$1\leqslant k\leqslant n$, 则

$$I_{mn}(x_1,\cdots,x_n)=\mu x\,[|x-I_{nk}(x_1,\cdots,x_n)|=0].$$

假设$f(x_1,\cdots,x_n)=\mu y[g(x_1,\cdots,x_n,y)=0]$, 这里数论函数$g$处处有定义, 且有一元原始递归函数$A(x)$与$n+2$元原始递归函数$B(x_1,\cdots,x_n,y,t)$使得

$$g(x_1,\cdots,x_n,y)=A(\mu t\,[B(x_1,\cdots,x_n,y,t)=0]).$$

对于$u_1,\cdots,u_n,u_{n+1}\in\mathbb{N}$, 让$t_{u_1,\cdots,u_{n+1}}$表示使得

$$B(u_1,\cdots,u_n,u_{n+1},t)=0$$

的最小自然数t. 注意

$$w = \prod_{u_1=0}^{x_1} \cdots \prod_{u_n=0}^{x_n} \prod_{u_{n+1}=0}^{y} p_{\mathrm{Cantor}(u_1,\cdots,u_{n+1})}^{t_{u_1,\cdots,u_{n+1}}}$$

随着y的增大而增大, 它恰是使得

$$h(x_1,\cdots,x_n,y,w) = \sum_{u_1=0}^{x_1} \cdots \sum_{u_n=0}^{x_n} \sum_{u_{n+1}=0}^{y} B\left(u_1,\cdots,u_n,u_{n+1},\mathrm{ord}_{p_{\mathrm{Cantor}(u_1,\cdots,u_{n+1})}} w\right)^2$$

为0的最小自然数w. 当$z = \mathrm{Cantor}(y,w)$时, $L(z) = y$而且

$$\mathrm{ord}_{p_{\mathrm{Cantor}(x_1,\cdots,x_n,y)}} R(z) = \mathrm{ord}_{p_{\mathrm{Cantor}(x_1,\cdots,x_n,y)}} w = t_{x_1,\cdots,x_n,y},$$

从而

$$g(x_1,\cdots,x_n,y) = A\left(\mathrm{ord}_{p_{\mathrm{Cantor}(x_1,\cdots,x_n,y)}} R(z)\right)$$

因此

$$f(x_1,\cdots,x_n) = \mu y\left[g(x_1,\cdots,x_n,y) = 0\right] = L(\mu z\left[G(x_1,\cdots,x_n,z) = 0\right]),$$

这里

$$G(x_1,\cdots,x_n,z) = A\left(\mathrm{ord}_{p_{\mathrm{Cantor}(x_1,\cdots,x_n,L(z))}} R(z)\right)^2 + h(x_1,\cdots,x_n,L(z),R(z))^2$$

为原始递归函数.

由上两段及定理3.2.2, 要证的断言成立. 这便结束了定理3.2.3的证明.

§3.3　Turing机与Church-Turing论题

Alan Mathison Turing

1936年英国数学家Turing(1912年6月23日—1954年6月7日)从另一个角度思考计算的本质. 他分析人是怎么计算的: 需要一张纸, 可根据大脑思考作左右移动的一支笔, 以及一块可擦去所写字的橡皮. 受此启发, 他发明了Turing机的概念.

Turing机由一个左右双向无穷的被划分成无穷多个相等单元的纸带与一个可左右移动的读写头组成, 在每个时刻读写头注视纸带的一个单元. 读写头可进行下面的四种基本操作:

【0】把所注视单元中内容抹去(变成0).

【1】在所注视的单元中写上1.

【L】把读写头移到原注视单元左边(left)那个邻格单元.

【R】把读写头移到原注视单元右边(right)那个邻格单元.

在每个基本操作后Turing机有个确定的内部状态q_i. 机器操作按有限多条"指令"构成的"程序"进行.

指令可用有序四元组表达, 四元组为$abcd$的指令含义如下: 如果机器内部状态为a, 且注视单元内容为b (0 或1之一), 则执行基本操作c (B,1,L,R之一), 之后让机器取新的内部状态d.

程序由有穷条指令构成. 同一程序中指令要相容, 即在内部状态a与注视内容b之下至多有一条指令可执行. 没有合适指令可执行时就停机.

输入为n个自然数$x_1, \cdots, x_n$时纸带上出现

$$\cdots 0 \underbrace{1 \cdots 1}_{x_1+1 \text{ 个}} 0 \underbrace{1 \cdots 1}_{x_2+1 \text{ 个}} 0 \cdots\cdots 0 \underbrace{1 \cdots 1}_{x_n+1 \text{ 个}} 0 \cdots\cdots$$

约定开始时内部状态为q_0, 读写头注视最左边的1. 停机时纸带上1的总个数便代表输出的自然数值.

对于n元数论函数f, 如果有Turing机程序使得输入$x_1, \cdots, x_n$并运行程序后最终停机当且仅当$f(x_1, \cdots, x_n)\downarrow$(即$f(x_1, \cdots, x_n)$有定义)且停机时输出恰为$f(x_1, \cdots, x_n)$, 则称函数$f$是Turing机可计算的.

计算零函数$O(x) = 0$的Turing机程序: $q_0 1 0 q_0$, $q_0 0 R q_0$. (把所有1清除.)

计算后继函数$S(x) = x+1$的Turing机程序: $q_0 1 1 q_1$. (保持纸带上开始时的$x+1$个1不动即可.)

$1 \leqslant k \leqslant n$时计算射影函数$I_{nk}(x_1, \cdots, x_n) = x_k$的Turing机程序:

$$q_0 1 1 q_1, \underbrace{q_j 1 0 q_{n+j+1}, q_{n+j+1} 0 R q_j, q_j 0 R q_{j+1},}_{1 \leqslant j \leqslant n, \, j \neq k}$$

$$q_k 1 0 q_{2n+2}, q_{2n+2} 0 R q_{2n+3}, q_{2n+3} 1 R q_{2n+3}, q_{2n+3} 0 R q_{k+1}.$$

计算$x + y$的Turing机程序:

$$q_0 1 0 q_0, q_0 0 R q_1, q_1 1 R q_1, q_1 0 R q_2, q_2 1 0 q_3.$$

(开始纸带上有$(x+1)+(y+1)$个1, 去掉连续$x+1$个1与连续$y+1$个1这两块中各自最左边的1后, 纸带上就只剩$x+y$个1了.)

1936年, Turing认为直观上可计算函数类就是Turing机可计算函数类, Turing在普林斯顿大学的博士导师Church认为直观上可计算函数类就是部分递归函数类. Kleene在1936年证明了部分递归函数等同于Turing机可计算函数.

Church-Turing 论题. 直观上可计算函数等同于部分递归函数, 亦即Turing可计算函数.

注意这不是精确的数学猜想, 因为此前并没有定义什么叫"直观上可计算". 二十世纪三十年代, 逻辑学家Gödel, Kleene, Turing, Post等从不同角度探讨计算的本质, 最后殊途同归被引导到同一个函数类:部分递归函数类. 此后, 大家普遍接受Church-Turing论题, 于是"可计算函数"有了确切的含义, 指的是部分递归函数(或等价的Turing机可计算函数).

二十世纪三十年代发展起来的递归论(也叫可计算性理论), 特别是Turing提出的Turing机模型及其程序与指令, 为第一台电子计算机在1949 年的诞生奠定了理论基础. 实际上, 不受存储空间限制且不计较运算快慢的话, 现代计算机能算的与Turing机能算的完全一致. 为纪念计算机之父Turing, 1966年起每年颁发的计算机界的最高奖叫作Turing奖, 英国在2021年发行了印有他头像的50 英镑钞票.

§3.4　递归可枚举集与递归集

对于自然数集N的一个子集A, 定义

$$f_A(x) = \begin{cases} 1 & \text{当} x \in A \text{时}, \\ \uparrow & \text{当} x \in \mathbb{N} \setminus A \text{时}, \end{cases}$$

其中↑表示无定义. 如果这是一个可计算函数(即部分递归函数), 我们就称A为递归可枚举集(recursively enumerable set) 或叫半可判定集(semi-decidable set). 注意运行计算$f_A(x)$的Turing机程序后, $x \in A$当且仅当有限长时间内停机并输出1.

定理3.4.1. 对于集合$A \subseteq \mathbb{N}$, 下面四条彼此等价:

(a) A是递归可枚举集.

(b) A是部分递归函数的定义域.

(c) A是部分递归函数的值域.

(d) A是空集$\emptyset$, 或者A是一元完全递归函数的值域.

证明: (a) $\Leftrightarrow$ (b): 如果A是递归可枚举集, 则$f_A(x)$是部分递归函数且其定义域恰为A. 假如A是部分递归函数$f(x)$的定义域$\text{Dom}(f)$, 修改计算$f(x)$的Turing机程序把"输出$f(x)$并停机"改换成"输出1 并停机", 如此修改后的程序计算了$f_A(x)$, 因而A为递归可枚举集. 因此(a) 与(b)等价.

(a) $\Rightarrow$ (d): 假设A是非空的递归可枚举集, P为计算f_A的Turing机程序. 任取$a \in A$, 定义

$$g(x,y) = \begin{cases} x & \text{如果程序 } P, \text{在} y \text{步内停机,} \\ a & \text{此外.} \end{cases}$$

这是个完全递归函数且其值域$\mathrm{Ran}(g)$正是A. 对$x,y \in \mathbb{N}$定义$F(2^x(2y+1)-1) = g(x,y)$, 则F是一元完全递归函数而且$\mathrm{Ran}(F) = \mathrm{Ran}(g) = A$.

(d) $\Rightarrow$ (c): 这是明显的, 注意空集是部分递归函数$\mu y[S(x) + y = 0]$的值域.

(c) $\Rightarrow$ (a): 假设A是部分递归函数$h(x_1, \cdots, x_n)$的值域, 则

$$f_A(x) = \begin{cases} 1 & \text{如果 } x \in \mathrm{Ran}(h) = A, \\ \uparrow & \text{此外.} \end{cases}$$

这是部分递归函数, 因为对任给的x我们可依$x_1 + \cdots + x_n$由小到大检查是否有$h(x_1, \cdots, x_n) = x$. 因此A为递归可枚举集.

综上, 定理3.4.1得证.

根据定理3.4.1, 非空的递归可枚举集形如$\{f(0), f(1), \cdots\}$, 这里f为一元完全递归函数. "递归可枚举集"的名称因此而来.

集合$A \subseteq \mathbb{N}$的特征函数为

$$\chi_A(x) = \begin{cases} 1 & \text{当 } x \in A \text{时,} \\ 0 & \text{当 } x \in \mathbb{N} \setminus A \text{时.} \end{cases}$$

如果这是可计算函数, 则称A为递归集(recursive set), 也说A是可判定的(decidable).

定理3.4.2. 任给集合$A \subseteq \mathbb{N}$, 我们有

A是递归集(即可判定) $\Longleftrightarrow$ A与其补集$\bar{A} = \mathbb{N} \setminus A$都是递归可枚举集(即半可判定).

证明: $\Rightarrow$: A是递归集时, 可修改计算$\chi_A(x)$的Turing机程序, 使得算出$\chi_A(x) = 0$(纸带上没有1)后不断重复同一操作(如$q_k 0 R q_k$)永不停机. 因此A是递归集时, f_A可计算, 从而A为递归可枚举集.

$\Leftarrow$: 假设A与补集$\bar{A} = \mathbb{N} \setminus A$都是递归可枚举集, 于是$f_A$与$f_{\bar{A}}$都是可计算函数. 将计算$f_A(x)$的Turing机程序$P_A$与计算$f_{\bar{A}}(x)$的Turing机程序$P_{\bar{A}}$并行组合起来交替进行运行(即

执行一个P_A中操作后, 再去执行$P_{\bar{A}}$中一个操作, 然后又执行P_A中下一个操作, 如此交替进行), 并把$P_{\bar{A}}$稍作修改使得停机时输出不是1而是0. 如果$x \in A$, 则P_A中操作执行完后将停机并输出1. 如果$x \notin A$, 则修改后的$P_{\bar{A}}$中操作执行完后将输出0. 因此有限步后将停机给出$\chi_A(x)$的值, 这表明A是递归集.

下面的枚举定理是由Kleene首先建立的, 关于其证明读者可参看N. Cutland[3, 86-88页]或者张鸣华[61, 定理1.40].

引理3.4.1 (枚举定理). 有二元部分递归函数$\varphi(m,n)$使得

$$\varphi_0, \varphi_1, \varphi_2, \cdots$$

正好是全体一元部分递归函数的列举, 这里函数φ_m如下给出:

$$\varphi_m(n) = \varphi(m,n) \ (n = 0, 1, 2, \cdots).$$

定理3.4.3. 集合
$$K = \{x \in \mathbb{N} : \ x \in \mathrm{Dom}(\varphi_x)\} \tag{3.4.1}$$
是递归可枚举集, 但不是递归集.

证明: 注意$\varphi_x(x) = \varphi(x, x)$是部分递归函数. 把计算它的Turing机程序修改下使得算出$\varphi_x(x)$后输出1, 如此知f_K是可计算的, 从而K为递归可枚举集.

假如K是递归集, 定义函数

$$f(x) = \begin{cases} \varphi_x(x) + 1 & \text{如果 } x \in \mathrm{Dom}(\varphi_x) \ (\text{即} x \in K), \\ 0 & \text{此外}. \end{cases}$$

这是一元的完全递归函数, 于是依枚举定理知有$m \in \mathbb{N}$使得$\varphi_m = f$, 从而$\varphi_m(m) = f(m)$有定义且

$$f(m) = \varphi_m(m) + 1,$$

这导致了矛盾.

综上, 定理3.4.3得证.

让P_x为计算φ_x的Turing机程序, 输入x后此Turing机最后停机当且仅当$\varphi_x(x)$有定义. 而K不是递归集, 故无法能行判定输入x并运行Turing机程序P_x后是否最终停机, 这就是通常所说的停机问题不可判定.

第4章 Hilbert第十问题及其否定解答

§4.1   Hilbert第十问题

在1900年于巴黎召开的国际数学家大会上, 德国数学家Hilbert在其大会演讲中提出了著名的23个数学问题, 有力地推动了二十世纪的数学发展.这23个问题中许多并非Hilbert本人首创的, 但其中第十问题确为Hilber首先提出, 其内容如下:

"Given a Diophantine equation with any number of unknown quantities and with rational integral numerical coefficients: To devise a process according to which it can be determined in a finite number of operations whether the equation is solvable in rational integers."

这段文字的中文翻译如下:

"对任给一个整系数的不管有多少个未知数的(多项式)Diophantus方程, 设计一个过程使用之进行有限步操作后可判定出该方程是否有整数解."

用现代语言来说, Hilbert第十问题(Hilbert's Tenth Problem, 可简记为HTP)要求找一个能行算法可用以判定任一个整系数多项式方程

$$P(z_1, \cdots, z_n) = 0$$

是否在$\mathbb{Z}$上有解(指有$z_1, \cdots, z_n \in \mathbb{Z}$使得$P(z_1, \cdots, z_n) = 0$).

在二十世纪前三十多年, Hilbert第十问题并无确切的含义, 因为什么叫算法数学家还没弄清楚.二十世纪三十年代发展起来的可计算性理论(或叫递归论), 特别是后来大家普遍接受的Church论题, 使得算法或者可计算有了确切的含义, 这样Hilbert第十问题才得以明确化.

在Hilbert那个时代, 著名的Fermat大定理(断言对于整数$n > 2$方程$x^n + y^n = z^n$无正整数解, 直到1995年才被A. Wiles[58]所证明)与Catalan猜想(断言方程$x^m - y^n = 1$的适合$m, n, x, y \in \{2, 3, \cdots\}$的解仅有$3^2 - 2^3 = 1$, 直到2004年才被P. Mihăilescu[25]证明)都远未解决, 这导致Hilbert大概觉得指数Diophantus方程太难.而多项式方程似乎比指数方程简单, 故Hilbert提出他的第十问题. 他可能倾向于认为可判断任一个整系数多项式方程是否有整数解的算法应该存在, 所以要求人们去找出这样的一般算法.

对于整系数多项式$P(z_1, \cdots, z_n)$, 显然

$$\exists z_1, \cdots, z_n \in \mathbb{Z}\, [P(z_1, \cdots, z_n) = 0]$$

$$\Longleftrightarrow \exists x_1, \cdots, x_n \in \mathbb{N}\left[\prod_{\varepsilon_1, \cdots, \varepsilon_n \in \{\pm 1\}} P(\varepsilon_1 x_1, \cdots, \varepsilon_n x_n) = 0 \right];$$

另一方面, 根据 Lagrange 四平方和定理 (参见定理 2.1.1), 我们有

$$\exists x_1, \cdots, x_n \in \mathbb{N}\, [P(x_1, \cdots, x_n) = 0]$$

$$\Longleftrightarrow \exists u_1, v_1, y_1, z_1, \cdots, u_n, v_n, y_n, z_n \in \mathbb{Z}$$

$$[P(u_1^2 + v_1^2 + y_1^2 + z_1^2, \cdots, u_n^2 + v_n^2 + y_n^2 + z_n^2) = 0].$$

因此可判定任一个整系数多项式方程是否有整数解的算法存在等价于可判定任一个整系数多项式方程是否有自然数解的算法存在.

对于 $\mathbb{Z}$ 的子集 S 及函数 $f_1, \cdots, f_k : S^n \to \mathbb{Z}$, 方程组

$$\begin{cases} f_1(x_1, \cdots, x_n) = 0, \\ \quad\vdots \\ f_k(x_1, \cdots, x_n) = 0 \end{cases}$$

有满足 $x_1, \cdots, x_n \in S$ 的解当且仅当单个方程

$$\sum_{i=1}^{k} f_i(x_1, \cdots, x_n)^2 = 0$$

在 S 上有解. 鉴于这个理由, Diophantus 方程组等价于某单个 Diophantus 方程.

§4.2　$z = \binom{n}{k}$ 与 $z = n!$ 的指数 Diophantus 表示

指数 Diophantus 方程形如

$$E_1(x_1, \cdots, x_m) = E_2(x_1, \cdots, x_m),$$

这里表达式 E_1 与 E_2 是由变元与特殊自然数出发通过有限次加法、乘法或指数函数复合得到的表达式. 我们把这样的

$$E(x_1, \cdots, x_n) = E_1(x_1, \cdots, x_n) - E_2(x_1, \cdots, x_n)$$

叫作整系数的指数表达式. 下面是个指数 Diophantus 方程的例子:

$$x^{2^y} + y^2 + y^{y^z} - 5z^{x^{x+3z}} = 0.$$

对于集合 $A \subseteq \mathbb{N}$, 如果有指数 Diophantus 方程

$$E(a, x_1, \cdots, x_n) = 0$$

使得对任何$a \in \mathbb{N}$都有

$$a \in A \iff \exists x_1, \cdots, x_n \in \mathbb{N}\,[E(a, x_1, \cdots, x_n) = 0],$$

则称A为指数Diophantus集. $\mathbb{N}$上m元关系R为指数Diophantus关系指有指数Diophantus方程

$$E(t_1, \cdots, t_m, x_1, \cdots, x_n) = 0$$

使得对任何$a_1, \cdots, a_m \in \mathbb{N}$都有

$$R(a_1, \cdots, a_m) \iff \exists x_1, \cdots, x_n \in \mathbb{N}\,[E(a_1, \cdots, a_m, x_1, \cdots, x_n) = 0].$$

定理4.2.1. $\mathbb{N}$上关系$z = \binom{n}{k}$是指数Diophantus关系.

证明: 对于$n, k, z \in \mathbb{N}$, 显然

$$z = \binom{n}{k} \iff (n < k \wedge z = 0) \vee (k = 0 \wedge z = 1) \vee \left(n \geqslant k > 0 \wedge z = \binom{n}{k}\right).$$

假如$0 < k \leqslant n$且u是大于2^n的整数, 则由二项式定理知

$$\frac{(u+1)^n}{u^k} = \binom{n}{k} + u \sum_{k < m \leqslant n} \binom{n}{m} u^{m-k-1} + \sum_{0 \leqslant i < k} \binom{n}{i} \frac{u^i}{u^k}.$$

注意

$$\sum_{0 \leqslant i < k} \binom{n}{i} \frac{u^i}{u^k} = \frac{1}{u} \sum_{0 \leqslant i < k} \frac{\binom{n}{i}}{u^{k-1-i}} \leqslant \frac{1}{u} \sum_{i=0}^{n} \binom{n}{i} = \frac{2^n}{u} < 1.$$

因此

$$\left\lfloor \frac{(u+1)^n}{u^k} \right\rfloor \equiv \binom{n}{k} \pmod{u},$$

从而不超过$2^n < u$的组合数$\binom{n}{k}$是$\left\lfloor \frac{(u+1)^n}{u^k} \right\rfloor$模$u$的最小非负余数.

由上可见, 对于自然数z与$n \geqslant k > 0$, 我们有

$$z = \binom{n}{k}$$

$$\iff \exists q, u, v, w \in \mathbb{N}\,[u > v \wedge v = 2^n \wedge w = \left\lfloor \frac{(u+1)^n}{u^k} \right\rfloor \wedge z < u \wedge w = qu + z]$$

$$\iff \exists q, u, v, w, x, y \in \mathbb{N}\,[u > v \wedge v = 2^n \wedge x = (u+1)^n \wedge y = u^k$$

$$\wedge\, yw \leqslant x < (w+1)y \wedge z < u \wedge w = qu + z].$$

因此$\mathbb{N}$上关系$z = \binom{n}{k}$是指数Diophantus关系.

定理4.2.2. $\mathbb{N}$上关系$z = n!$是指数 Diophantus 关系.

证明: 对于$n \in \mathbb{Z}_+$及整数$m > (2n)^{n+1}$, 显然

$$\left(1 - \frac{n}{m}\right)\left(1 + \frac{2n}{m}\right) = 1 + \frac{n}{m}\left(1 - \frac{2n}{m}\right) > 1$$

并且

$$\left(1 + \frac{2n}{m}\right)^n < \left(1 + \frac{1}{(2n)^n}\right)^n = 1 + \sum_{k=1}^{n} \frac{\binom{n}{k}}{(2n)^{kn}} \leqslant \frac{\sum_{k=1}^{n}\binom{n}{k}}{(2n)^n} < \frac{2^n}{(2n)^n} = \frac{1}{n^n} \leqslant \frac{1}{n!},$$

从而

$$n! < \frac{m^n}{\binom{m}{n}} = \frac{n!}{\prod_{0<r<n}\left(1 - \frac{r}{m}\right)} < \frac{n!}{\left(1 - \frac{n}{m}\right)^n} < n!\left(1 + \frac{2n}{m}\right)^n < n! + 1,$$

这表明

$$\left\lfloor \frac{m^n}{\binom{m}{n}} \right\rfloor = n!.$$

对于整数$m > (2 \times 0)^{0+1}$, 我们也有

$$\left\lfloor \frac{m^0}{\binom{m}{0}} \right\rfloor = 0!.$$

任给$n, z \in \mathbb{N}$, 由上可见$z = n!$当且仅当有$u, v, w, x, y \in \mathbb{N}$使得

$$u > v, \ v = w^{n+1}, \ w = 2n, \ x = u^n, \ y = \binom{u}{n}, \ yz \leqslant x < (z+1)y.$$

将此与定理4.2.1相结合知$\mathbb{N}$上关系$z = n!$是指数 Diophantus 关系.

　　定理4.2.1与定理4.2.2出现于M. Davis, H. Putnam与J. Robinson的著名论文[7] 中, 其证明的基本思想源于J. Robinson.

§4.3　受限全称量词的删去

引理4.3.1 ([7]). 设$b, c \in \mathbb{Z}_+$且$c \geqslant b$. 又设$q \in \mathbb{N}$, $q \equiv -1 \pmod{b!c!}$. 对$y = 0, \cdots, b-1$, 令

$$q_y = \frac{q+1}{y+1} - 1 = \frac{q-y}{y+1}.$$

则$q_0, \cdots, q_{b-1}, c!$两两互素, 而且它们的乘积为$\binom{q}{b}$.

证明: 显然

$$\prod_{y=0}^{b-1} q_y = \prod_{y=0}^{b-1} \frac{q-y}{y+1} = \frac{q(q-1)\cdots(q-b+1)}{b!} = \binom{q}{b}.$$

任给$y \in \{0,\cdots,b-1\}$, 由于$(b!)^2 \mid q+1$, 对任何素数$p \leqslant b$有

$$q_y = b! \frac{b!}{y+1} \cdot \frac{q+1}{(b!)^2} - 1 \equiv -1 \not\equiv 0 \pmod{p}.$$

如果p是q_y与$c!$的公共素因子, 则p整除$q+1-(q-y) = y+1$, 从而$p \leqslant b$且$p \nmid q_y$, 这导致矛盾. 因此q_y与$c!$互素. 如果$y' \in \{0,\cdots,b-1\}$不同于y, 而且p是q_y与$q_{y'}$的公共素因子, 则p整除$q-y-(q-y') = y'-y$, 从而$p < b$且$p \nmid q_y$, 这也导致矛盾.

综上, $q_0,\cdots,q_{b-1},c!$的确两两互素. 引理4.3.1证毕.

定理4.3.1 (Davis-Putnam-Robinson [7]). 设$P(y,x_1,\cdots,x_m)$是个整系数多项式, $P^*(y,x_1,\cdots,x_m)$是把$P(y,x_1,\cdots,x_m)$的每个系数换成其绝对值后所得的多项式. 又设b为大于1的整数, $B(b,w) = P^*(b,w,\cdots,w)$, 则

$$\forall y \in \{0,\cdots,b-1\} \exists x_1,\cdots,x_m \in \mathbb{N}\, [P(y,x_1,\cdots,x_m) = 0]$$

$$\Longleftrightarrow \text{存在} q,w,z_1,\cdots,z_m \in \mathbb{N} \text{ 使得 } q \equiv -1 \pmod{b!(b+w+B(b,w))!}, \text{ 并且}$$

$$\binom{q}{b} \text{整除} \binom{z_1}{w},\cdots,\binom{z_m}{w} \text{ 与 } P(q,z_1,\cdots,z_m).$$

证明: $\Rightarrow$: 假设对每个$y = 0,\cdots,b-1$有$x_{1,y},\cdots,x_{m,y} \in \mathbb{N}$使得$P(y,x_{1,y},\cdots,x_{m,y}) = 0$. 取正整数$w > \max\{x_{i,y} : 1 \leqslant i \leqslant m, 0 \leqslant y < b\}$, 则对每个$y = 0,\cdots,b-1$都有

$$|P(y,x_{1,y},\cdots,x_{m,y})| \leqslant B(b,w).$$

选$q \in \mathbb{N}$使得$q \equiv -1 \pmod{b!(b+w+B(b,w))!}$, 并定义

$$q_y = \frac{q+1}{y+1} - 1 = \frac{q-y}{y+1} \quad (y = 0,\cdots,b-1).$$

依引理4.3.1, $q_0,\cdots,q_{b-1},w!$两两互素. 应用中国剩余定理(参见[48])知对每个$i = 1,\cdots,m$存在自然数z_i使得对所有的$y = 0,\cdots,b-1$有$z_i \equiv x_{i,y} \pmod{q_y}$. 故对每个$y = 0,\cdots,b-1$有

$$P(q,z_1,\cdots,z_m) \equiv P(y,x_{1,y},\cdots,x_{m,y}) = 0 \pmod{q_y},$$

从而$\binom{q}{b} = \prod_{0 \leqslant y < b} q_y$整除$P(q,z_1,\cdots,z_m)$.

对$y = 0, \cdots, b-1$, 由于$0 \leqslant x_{i,y} < w$且$z_i \equiv x_{i,y} \pmod{q_y}$, q_y整除$\prod\limits_{0 \leqslant k < w}(z_i - k) = w!\binom{z_i}{w}$, 从而$q_y \mid \binom{z_i}{w}$(因为$q_y$与$w!$互素). 而诸$q_0, \cdots, q_{b-1}$两两互素, 故$\binom{q}{b} = \prod\limits_{0 \leqslant y < b} q_y$整除$\binom{z_i}{w}$.

$\Leftarrow$: 假设有$q, w, z_1, \cdots, z_m \in \mathbb{N}$使得$q \equiv -1 \pmod{b!(b+w+B(b,w))!}$, 并且

$$\binom{q}{b} \text{整除} \binom{z_1}{w}, \cdots, \binom{z_m}{w} \text{与} P(q, z_1, \cdots, z_m).$$

由于$q \geqslant (b!)^2 - 1 \geqslant b^2 - 1 \geqslant b + 1$, 我们有$\binom{q}{b} > 1$, 从而$w > 0$. 注意$q \geqslant b!(b+1)! - 1 > 2b - 1 = 2(b-1) + 1$. 对$y = 0, 1, \cdots, b-1$定义

$$q_y = \frac{q+1}{y+1} - 1 = \frac{q-y}{y+1} > 1.$$

根据引理4.3.1, $\binom{q}{b} = \prod\limits_{0 \leqslant y < b} q_y$, 而且$q_0, \cdots, q_{b-1}, w!$两两互素.

任给$y \in \{0, \cdots, b-1\}$, 让p_y表示q_y的最小素因子. 当$1 \leqslant i \leqslant m$时,

$$p_y \mid q_y \mid \binom{q}{b} \mid \binom{z_i}{w},$$

从而有自然数$x_{i,y} < w$使得$p_y \mid z_i - x_{i,y}$. 如果$p_y \leqslant B(b,w)$, 则p_y整除$q+1-(q-y) = y+1$, 于是$p_y \leqslant b$且

$$q_y = b! \frac{b!}{y+1} \cdot \frac{q+1}{(b!)^2} - 1 \equiv -1 \pmod{p_y},$$

这样就导致了矛盾. 因此$p_y > B(b,w)$. 由于$p_y \mid q_y \mid q-y$, $p_y \mid q_y \mid \binom{q}{b}$, 而且$x_{i,y} \equiv z_i \pmod{p_y}$ $(i = 1, \cdots, m)$, 我们有

$$P(y, x_{1,y}, \cdots, x_{m,y}) \equiv P(q, z_1, \cdots, z_m) \equiv 0 \pmod{p_y}.$$

而

$$|P(y, x_{1,y}, \cdots, x_{m,y})| \leqslant B(b,w) < p_y,$$

故有

$$P(y, x_{1,y}, \cdots, x_{m,y}) = 0.$$

综上, 定理4.3.1证毕.

定理4.3.1不是Davis-Putnam-Robinson相应结果的原来形式, 是Y. Matiyasevich[21]基于他们的思想改造后的版本.

§4.4　Matiyasevich定理

E. L. Post在1944年认为Hilbert第十问题应该是不可解的, 即没有Hilbert想要的那种可判定任一个整系数多项式方程是否有整数解的一般算法. 他的这种看法影响了当时听他课的青年学生M. Davis.

二十世纪四十年代, M. Davis引入Diophantus集与Diophantus关系的概念. 假如$A \subseteq \mathbb{N}$为Diophantus集, 则有整系数多项式$P(a, x_1, \cdots, x_n)$使得$a \in \mathbb{N}$时

$$a \in A \iff \exists x_1, \cdots, x_n \in \mathbb{N}\, [P(a, x_1, \cdots, x_n) = 0].$$

对于$a \in \mathbb{N}$, 按照$x_1 + \cdots + x_n$的值由小到大搜索满足$P(a, x_1, \cdots, x_n) = 0$的$x_1, \cdots, x_n \in \mathbb{N}$. 由于$a \in A$当且仅当可在有限长时间内搜索到方程$P(a, x_1, \cdots, x_n) = 0$的一组自然数解, 集合$A$是个递归可枚举集.

既然Diophantus集是递归可枚举集, 反方向如何呢?

Davis大胆假设 [M. Davis, 1950] 任何递归可枚举集$A \subseteq \mathbb{N}$都是Diophantus集, 从而递归可枚举集等同于Diophantus集.

定理4.4.1. Davis大胆假设蕴含着Hilbert第十问题不可解.

证明: 根据定理3.4.3, $K = \{x \in \mathbb{N} : \ x \in \mathrm{Dom}(\varphi_x)\}$是递归可枚举集但不是递归集. 假如$K$是Diophantus集, 则有整系数多项式$P(a, x_1, \cdots, x_n)$使得$a \in \mathbb{N}$时

$$a \in K \iff \exists x_1, \cdots, x_n \in \mathbb{N}[P(a, x_1, \cdots, x_n) = 0].$$

如果存在能行算法可判定任给的整系数多项式方程是否在$\mathbb{N}$上有解, 则用此算法可对任何的$a \in \mathbb{N}$判定Diophantus方程$P(a, x_1, \cdots, x_n) = 0$是否有自然数解, 亦即可判定自然数$a$是否属于$K$, 这与$K$不是递归集矛盾.

由上, 在Davis大胆假设之下, 不存在算法可用以判定任给的整系数多项式方程是否在$\mathbb{N}$上有解, 于是$\mathbb{N}$上Hilber第十问题不可解, 从而$\mathbb{Z}$上的Hilbert第十问题也不可解.

美国数学家M. Davis, H. Putnam与J. Robinson[7]在1961年证明了任何递归可枚举集都是指数Dio-phantus集, 由此得到不存在算法可判定任一个指数Diophantus方程是否有自然数解, 这是朝着否定解决Hilbert第十问题方向迈出的重要一步. 俄罗斯数学家Yuri Matiyasevich[20](1947—)在1970年证明了$\mathbb{N}$上关系$y = F_{2x} = u_x(3, 1)$是Diophantus关系, 进而利用J. Robinson的先前结果得到$\mathbb{N}$上指数关系$W = V^B$是Diophantus关系, 由此与Davis-Putnam-Robinson的工作相结合证出了Davis的大胆假设, 因此Hilbert第十问题在提出70年之后获得了否定解决.

Martin Davis　　　　Hilary Putnam　　　Julia Robinson　　Yuri Matiaysevich

定理4.4.2 (Matiyasevich定理). Davis大胆假设成立, 亦即任何递归可枚举集都是 Diophantus 集.

证明: 空集$\emptyset$是 Diophantus 集, 因为$a \in \mathbb{N}$时

$$a \in \emptyset \iff \exists x \in \mathbb{N}[x + 1 = 0].$$

由定理3.4.1, 非空的$A \subseteq \mathbb{N}$是递归可枚举集当且仅当A是某完全递归函数$f(x_1, \cdots, x_n)$的值域

$$\mathrm{Ran}(f) = \{f(x_1, \cdots, x_n) : x_1, \cdots, x_n \in \mathbb{N}\}.$$

余下只需证明对任何完全递归函数$f(x_1, \cdots, x_n)$, $\mathbb{N}$上关系$y = f(x_1, \cdots, x_n)$是 Diophantus 关系.

对于$x, y \in \mathbb{N}$, 显然

$$y = O(x) \iff \exists z \in \mathbb{N}[y + z = 0],$$

而且

$$y = S(x) = x + 1 \iff \exists z \in \mathbb{N}\left[(y - x - 1)^2 + z^2 = 0\right].$$

对于射影函数$I_{nk}(x_1, \cdots, x_n)$ $(1 \leqslant k \leqslant n)$, 当$x_1, \cdots, x_n, y \in \mathbb{N}$时

$$y = I_{nk}(x_1, \cdots, x_n) \iff \exists z \in \mathbb{N}\left[(y - x_k)^2 + z^2 = 0\right].$$

对于函数$\mathrm{dv}(x, y)$, 我们有

$$w = \mathrm{dv}(x, y) \iff \exists z \in \mathbb{N}[((w - 1)^2 + (y - xz)^2)(w^2 + x^2 + (y - z - 1)^2) = 0]$$
$$\lor \exists q, r, s \in \mathbb{N}[w^2 + (qx + r + 1 - y)^2 + (r + s + 2 - x)^2 = 0].$$

(注意$x > 0$时$x \nmid y$相当于y模x的最小正余数小于x.)

假如
$$f(x_1, \cdots, x_n) = g(h_1(x_1, \cdots, x_n), \cdots, h_m(x_1, \cdots, x_n)),$$

这里g为m元一般递归函数, $h_1, \cdots, h_m$为n元一般递归函数. 如果$\mathbb{N}$上关系$y = g(y_1, \cdots, y_m)$与$y_i = h_i(x_1, \cdots, x_n)$ $(i = 1, \cdots, m)$都是 Diophantus 关系, 则$\mathbb{N}$上关系$y = f(x_1, \cdots, x_n)$也是 Diophantus 关系, 因为

$$y = f(x_1, \cdots, x_n) \iff \exists y_1, \cdots, y_m \in \mathbb{N}\,[y = g(y_1, \cdots, y_m)$$
$$\land\, y_1 = h(x_1, \cdots, x_n) \land \cdots \land y_m = h(x_1, \cdots, x_n)].$$

假如
$$f(x_1, \cdots, x_n) = \mu y[g(x_1, \cdots, x_n, y) = 0],$$

则$x_1, \cdots, x_n, y \in \mathbb{N}$时

$$y = f(x_1, \cdots, x_n)$$
$$\iff g(x_1, \cdots, x_n, y) = 0 \land \forall z \in \{0, \cdots, y-1\} \exists x \in \mathbb{N}\,[g(x_1, \cdots, x_n, z) = x + 1].$$

如果$w = g(x_1, \cdots, x_n, z)$是$\mathbb{N}$上 Diophantus 关系, 则利用定理4.2.1, 定理4.2.2以及定理4.3.1知$y = f(x_1, \cdots, x_n)$也是$\mathbb{N}$上 Diophantus 关系.

综上及定理3.2.2, 我们归纳证明了对任何完全递归函数f, $\mathbb{N}$上关系$y = f(x_1, \cdots, x_n)$是Diophantus 关系. 这便完成了定理4.4.2的证明.

H. Putnam[32]作了下述有意思的简单观察: 设$A \subseteq \mathbb{N}$为 Diophantus 集, 对任何$a \in \mathbb{N}$有

$$a \in A \iff \exists x_1, \cdots, x_n \in \mathbb{N}\,[P(a, x_1, \cdots, x_n) = 0],$$

这里P为$n+1$元整系数多项式. 则

$$A = \{\tilde{P}(x_0, x_1, \cdots, x_n) : x_0, \cdots, x_n \in \mathbb{N}\} \cap \mathbb{N},$$

这里多项式$\tilde{P}$如下定义:

$$\tilde{P}(x_0, x_1, \cdots, x_n) = (x_0 + 1)(1 - P(x_0, x_1, \cdots, x_n)^2) - 1.$$

注意$x_0, \cdots, x_n \in \mathbb{N}$时显然有

$$\tilde{P}(x_0, x_1, \cdots, x_n) \geqslant 0 \iff P(x_0, \cdots, x_n) = 0 \Rightarrow \tilde{P}(x_0, \cdots, x_n) = x_0 \in A.$$

将Putnam的这个观察与Matiyasevich定理集合起来, 我们得到下述推论.

推论4.4.1. 对每个递归可枚举集 $A \subseteq \mathbb{N}$, 有整系数多项式 $P(x_1, \cdots, x_n)$ 使得

$$A = \{P(x_1, \cdots, x_n) : x_1, \cdots, x_n \in \mathbb{N}\} \cap \mathbb{N}.$$

　　T. A. Skolem在1920年左右发现任何 $\mathbb{N}$ 或 $\mathbb{Z}$ 上的多项式 Diophantus 方程等价于一个四次的 Diophantus 方程. 例如:方程 $x^3 + y^5 = z^2 + 4x - 5$ 等价于二次方程组

$$xu + yv = z^2 + 4x - 5, \ u = x^2, \ v = yw, \ w = yt, \ t = y^2,$$

从而 $x^3 + y^5 = z^2 + 4x - 5$ 在 $\mathbb{N}$(或 $\mathbb{Z}$)上有解当且仅当方程

$$(xu + yv - z^2 - 4x + 5)^2 + (u - x^2)^2 + (v - yw)^2 + (w - yt)^2 + (t - y^2)^2 = 0$$

在 $\mathbb{N}$(或 $\mathbb{Z}$)上有解.

　　将Matiyasevich定理与Skolem的这个观察相结合, 立得如下推论.

推论4.4.2. 不存在算法可判定任意的四次整系数多项式方程是否有自然数解(或整数解).

　　C. L. Siegel[39]在1972年证明了有算法可判定任意的二次整系数方程是否在 $\mathbb{N}$ (或者 $\mathbb{Z}$) 上有解. 是否有算法可判定任意的三次整系数方程是否在 $\mathbb{N}$(或者 $\mathbb{Z}$)上有解, 仍是困难的未解决问题.

第5章 关系组合定理

对于集合$S \subseteq \mathbb{Z}$与正整数n, 我们把形如

$$\exists x_1 \in S \cdots \exists x_n \in S[P(x_1, \cdots, x_n) = 0]$$

(其中$P(x_1, \cdots, x_n) \in \mathbb{Z}[x_1, \cdots, x_n]$)的公式集记为$S$上的$\exists^n$.

任何$S \subseteq \mathbb{Z}$上$\exists$都是可判定的. 正如Matiyasevich与Robinson[22]所指出, 如果$a_0, a_1, \cdots, a_n, z$都是整数, $a_0 z \neq 0$且$\sum_{i=0}^{n} a_i z^{n-i} = 0$, 则

$$|z|^n \leqslant |a_0 z^n| \leqslant \sum_{i=1}^{n} |a_i| \cdot |z|^{n-i} \leqslant \sum_{i=1}^{n} |a_i| \cdot |z|^{n-1},$$

从而

$$|z| \leqslant \sum_{i=1}^{n} |a_i|.$$

$\mathbb{N}$或者$\mathbb{Z}$上的$\exists^2$是否可判定尚属未知, 但A. Baker在1968年证明了如果齐次不可约多项式$P(x, y) \in \mathbb{Z}[x, y]$次数至少为3, 则对任何$m \in \mathbb{Z}$有能行算法可判定$P(x, y) = m$在$\mathbb{N}$(或者$\mathbb{Z}$)上是否有解.

Hilbert第十问题解决之后, Matiyasevich与Robinson合作找尽可能小的正整数ν使得$\mathbb{N}$上$\exists^\nu$不可判定. 1973年, 他们证明了$\mathbb{N}$上$\exists^{13}$不可判定(参见[22]). Matiyasevich在1975年宣布$\mathbb{N}$上$\exists^9$不可判定, 这便是著名的9未知数定理, 其证明细节出现于J. Jones 的论文[16]中.

利用Lagrange四平方和定理可知, 对固定的正整数n, $\mathbb{N}$上$\exists^n$不可判定推出$\mathbb{Z}$上$\exists^{4n}$不可判定.

在寻求较小的正整数ν使得$\mathbb{N}$上或$\mathbb{Z}$上$\exists^\nu$不可判定时, 常常需要能有效节省未知数个数的关系组合定理.

§5.1   Matiyasevich-Robinson关系组合定理

我们把有理数域$\mathbb{Q}$的有限次扩域称为数域.

引理5.1.1 (A.S. Besicovich [1], 1940). 设$a_1, \cdots, a_n$属于数域K且其中任何有限个之积不是K中元的平方, 则$[K(\sqrt{a_1}, \cdots, \sqrt{a_n}) : K] = 2^n$.

证明: 我们给出基于B. Dubuque [11]的简单证明(可见[60]).

$n = 1$时结论显然.

现在处理 $n = 2$ 的情形. 令 $K_1 = K(\sqrt{a_1})$, $K_2 = K_1(\sqrt{a_2}) = K(\sqrt{a_1}, \sqrt{a_2})$. 由于 $a_2 \in K \subseteq K_1$, 我们有 $[K_2 : K_1] \in \{1, 2\}$. 如果 $K_1 \neq K_2$, 则

$$[K_2 : K] = [K_2 : K_1][K_1 : K] = 2 \times 2 = 2^2.$$

假如 $K_1 = K_2$, 则 $\sqrt{a_2} \in K(\sqrt{a_1})$, 从而可写 $\sqrt{a_2} = r + s\sqrt{a_1}$, 其中 $r, s \in K$. 于是

$$a_2 = (r + s\sqrt{a_1})^2 = r^2 + s^2 a_1 + 2rs\sqrt{a_1}.$$

$r = 0$ 时 $a_1 a_2 = (sa_1)^2$ 是个 K 中元的平方, 这与条件矛盾. $s = 0$ 时 $a_2 = r^2$, 也与条件矛盾. 当 $rs \neq 0$ 时, 我们有

$$\sqrt{a_1} = \frac{a_2 - r^2 - s^2 a_1}{2rs} \in K,$$

也得矛盾.

现设 $n > 2$ 且结论对更小的 n 值成立. 令 $L = K(\sqrt{a_1}, \cdots, \sqrt{a_{n-2}})$. 依归纳假设,

$$[L : K] = 2^{n-2}, \ [L(\sqrt{a_{n-1}}) : K] = [L(\sqrt{a_n}) : K] = [L(\sqrt{a_{n-1}a_n}) : K] = 2^{n-1}.$$

因此 $\sqrt{a_{n-1}}, \sqrt{a_n}, \sqrt{a_{n-1}a_n} \notin L$. 应用 $n = 2$ 时的结果知, $[L(\sqrt{a_{n-1}}, \sqrt{a_n}) : L] = 2^2$, 从而

$$[K(\sqrt{a_1}, \cdots, \sqrt{a_n}) : K] = [L(\sqrt{a_{n-1}}, \sqrt{a_n}) : L][L : K] = 2^2 \times 2^{n-2} = 2^n.$$

综上, 我们归纳证明了引理 5.1.1.

显然

$$\mathcal{I}_k(x_1, \cdots, x_k, x, y) = \prod_{\varepsilon_1, \cdots, \varepsilon_k \in \{\pm 1\}} (x + \varepsilon_1 x_1 + \varepsilon_2 x_2 y + \cdots + \varepsilon_k x_k y^{k-1}).$$

为整系数多项式. $t = 1, \cdots, k$ 时

$$\mathcal{I}_k(x_1, \cdots, x_k, x, y) = \prod_{\varepsilon_i \in \{\pm 1\} \ (i \neq t)} \left(\left(x + \sum_{\substack{s=1 \\ s \neq t}}^{k} \varepsilon_s x_s y^{s-1} \right)^2 - x_t^2 y^{2(t-1)} \right),$$

故可写

$$\mathcal{I}_k(x_1, \cdots, x_k, x, y) = I_k(x_1^2, \cdots, x_k^2, x, y),$$

这里 I_k 是个整系数多项. 因此

$$\prod_{\varepsilon_1, \cdots, \varepsilon_k \in \{\pm 1\}} (x + \varepsilon_1 \sqrt{x_1} + \varepsilon_2 \sqrt{x_2} y + \cdots + \varepsilon_k \sqrt{x_k} y^{k-1}) = I_k(x_1, \cdots, x_k, x, y)$$

是整系数多项式, 从而也有

$$J_k(x_1, \cdots, x_k, x) = I_k(x_1, \cdots, x_k, x, 1 + x_1^2 + \cdots + x_k^2) \in \mathbb{Z}[x_1, \cdots, x_k, x].$$

定理5.1.1 (Matiyasevich-Robinson [22])**.** 令

$$J_k(x_1,\cdots,x_k,x) = \prod_{\varepsilon_1,\cdots,\varepsilon_k\in\{\pm1\}} \left(x + \varepsilon_1\sqrt{x_1} + \varepsilon_2\sqrt{x_2}X + \cdots + \varepsilon_k\sqrt{x_k}X^{k-1}\right),$$

其中$X = 1 + x_1^2 + \cdots + x_k^2$. 则$J_k(x_1,\cdots,x_k,x)$为整系数多项式, 而且对任何的$A_1,\cdots,A_k\in\mathbb{Z}$有

$$A_1,\cdots,A_k\in\square \iff \exists x[J_k(A_1,\cdots,A_k,x)=0].$$

证明: 显然

$$J_k(x_1,\cdots,x_k,x) = I_k(x_1,\cdots,x_k,x,1+x_1^2+\cdots+x_k^2)\in\mathbb{Z}[x_1,\cdots,x_k,x].$$

如果$A_1,\cdots,A_k\in\square$, 则有$a_1,\cdots,a_k\in\mathbb{N}$使得$A_1=a_1^2,\cdots,A_k=a_k^2$, 从而对$x=a_1+a_2W+\cdots+a_kW^{k-1}$(其中$W=1+A_1^2+\cdots+A_k^2$)有$J_k(A_1,\cdots,A_k,x)=0$.

我们断言$A_1,\cdots,A_k$为整数且有整数$W_k\geqslant 1+A_1^2+\cdots+A_k^2$与$x$使得

$$I_k(A_1,\cdots,A_k,x,W_k)=0$$

时必定$A_1,\cdots,A_k\in\square$. $k=1$时这是明显的, 因为

$$I_1(A_1,x,W_1)=(x+\sqrt{A_1})(x-\sqrt{A_1})=x^2-A_1.$$

假定$k>1$且上述断言对$k-1$成立. 由$I_k(A_1,\cdots,A_k,x,W_k)=0$知有$\varepsilon_1,\cdots,\varepsilon_k\in\{\pm1\}$使得

$$x+\varepsilon_1\sqrt{A_1}+\varepsilon_2\sqrt{A_2}W_k+\cdots+\varepsilon_k\sqrt{A_k}W_k^{k-1}=0. \tag{5.1.1}$$

如果有$a_k\in\mathbb{N}$使得$A_k=a_k^2$, 则对$x'=x+\varepsilon_k a_k W_k^{k-1}$有

$$I_{k-1}(A_1,\cdots,A_{k-1},x',W_k)=0,$$

从而依归纳假设知$A_1,\cdots,A_{k-1}\in\square$.

假如$A_k\notin\square$, 则有素数p使得$\nu_p(A_k)$为奇数. 下面我们来导出矛盾. 令

$$S_0=\{\sqrt{q}: q\neq p\text{为素数且有}1\leqslant s\leqslant k\text{使得}2\nmid\mathrm{ord}_q(A_s)\},$$

并让

$$S=\begin{cases}S_0 & \text{如果}A_1,\cdots,A_k\text{都非负},\\ S_0\cup\{i\} & \text{此外}.\end{cases}$$

让$n = |S|$, $L = \mathbb{Q}(S)$. 显然$\sqrt{A_1}, \cdots, \sqrt{A_k} \in L(\sqrt{p})$. 由引理5.1.1,

$$[L : \mathbb{Q}] = 2^n \text{ 且 } [L(\sqrt{p}) : \mathbb{Q}] = 2^{n+1},$$

从而$\sqrt{p} \notin L$.

显然有$a \in L$使得$\varepsilon_k \sqrt{A_k} W_k^{k-1} = a\sqrt{p}$. 由于

$$\sum_{s=1}^{k-1} \varepsilon_s \sqrt{A_s} W_k^{s-1} \in L(\sqrt{p}),$$

又有$b, c \in L$使得

$$\sum_{s=1}^{k-1} \varepsilon_s \sqrt{A_s} W_k^{s-1} = b\sqrt{p} + c.$$

根据(5.1.1),

$$a\sqrt{p} + b\sqrt{p} + c + x = 0$$

从而$a + b = 0$且$c + x = 0$(因为$\sqrt{p} \notin L$). 于是

$$\varepsilon_k \sqrt{A_k} W_k^{k-1} = a\sqrt{p} = -b\sqrt{p} = -\sum_{\substack{0 < s < k \\ 2 \nmid \nu_p(A_s)}} \varepsilon_s \sqrt{A_s} W_k^{s-1},$$

从而

$$W_k^{k-1} \leqslant |\sqrt{A_k}| W_k^{k-1} \leqslant \sum_{0 < s < k} |\sqrt{A_s}| W_k^{s-1} \leqslant \sum_{0 < s < k} A_s^2 W_k^{k-2}.$$

这与$W_k \geqslant 1 + A_1^2 + \cdots + A_k^2$矛盾.

综上, 定理6.6.2得证.

定理5.1.2 (Matiyasevich-Robinson关系组合定理 [22]). 设$A_1, \cdots, A_k$与R, S, T都是整数且$S \neq 0$. 则

$$A_1 \in \square \wedge \cdots \wedge A_k \in \square \wedge S \mid T \wedge R > 0$$
$$\Longleftrightarrow \exists n \geqslant 0 [M_k(A_1, \cdots, A_k, S, T, R, n) = 0],$$

这里$M_k(x_1, \cdots, x_k, w, x, y, z)$指整系数多项式

$$\prod_{\varepsilon_1, \cdots, \varepsilon_k \in \{\pm 1\}} \left(x^2 + w^2 z - w^2(2y-1)\left(x^2 + X^k + \sum_{j=1}^{k} \varepsilon_j \sqrt{x_j} X^{j-1} \right) \right)$$

$$= (w^2(1-2y))^{2^k} J_k\left(x_1, \cdots, x_k, x^2 + X^k + \frac{x^2 + w^2 z}{w^2(1-2y)} \right),$$

其中$X = 1 + x_1^2 + \cdots + x_k^2$.

证明: 让 $W = 1 + \sum\limits_{j=1}^{k} A_j^2$, 注意

$$M_k(A_1, \cdots, A_k, S, T, R, n) = (S^2(1-2R))^{2^k} J_k\left(A_1, \cdots, A_k, T^2 + W^k + \frac{S^2 n + T^2}{S^2(1-2R)}\right).$$

如果 $A_1, \cdots, A_k \in \square, S \mid T$ 且 $R > 0$, 则

$$n = (2R-1)(T^2 + W^k - \sqrt{A_1} - \sqrt{A_2}W - \cdots - \sqrt{A_k}W^{k-1}) - \frac{T^2}{S^2}$$

$$\geqslant T^2 + W^k - \sum_{i=0}^{k-1}(W-1)W^i - \frac{T^2}{S^2} \geqslant W^k - (W^k - 1) \geqslant 0,$$

而且 $M_k(A_1, \cdots, A_k, S, T, R, n) = 0$.

假设有 $n \in \mathbb{N}$ 使得 $M_k(A_1, \cdots, A_k, S, T, R, n) = 0$, 则有理数

$$\alpha = T^2 + W^k + \frac{S^2 n + T^2}{S^2(1-2R)}$$

是首一整系数多项式 $J_k(A_1, \cdots, A_k, x)$ 的零点. 而有理的代数整数都在 $\mathbb{Z}$ 中, 故 $\alpha \in \mathbb{Z}$, 从而 $S \mid T$. 因 $J_k(A_1, \cdots, A_k, x) = 0$ 有整数解 $x = \alpha$, 应用定理6.6.2知 $A_1, \cdots, A_k \in \square$. 由于

$$\alpha \leqslant \sum_{i=1}^{k} \sqrt{A_i} W^{i-1} \leqslant \sum_{j=0}^{k-1}(W-1)W^j = W^k - 1$$

且 $n \geqslant 0$, 必定 $R > 0$.

综上, 定理5.1.2得证.

§5.2　整变元情形的关系组合定理

本节中变元都是整数变元.

根据数论中的Gauss-Legendre三平方和定理(参见[26]),

$$\mathbb{N} \setminus \{x^2 + y^2 + z^2 : x, y, z \in \mathbb{Z}\} = \{4^k(8l+7) : k, l \in \mathbb{N}\}.$$

任给 $n \in \mathbb{N}$, 由三平方和定理知, 有整数 x, y, z 使得

$$4n+1 = (2x)^2 + (2y)^2 + (2z+1)^2, \quad \text{亦即 } n = x^2 + y^2 + z^2 + z.$$

因此有下述基本引理.

引理5.2.1. 任给整数 m, 我们有

$$m \geqslant 0 \iff \exists x, y, z \, [m = x^2 + y^2 + z^2 + z].$$

由此引理知, 对于正整数n,

$$\mathbb{N}\text{上}\exists^n\text{不可判定} \implies \mathbb{Z}\text{上}\exists^{3n}\text{不可判定}.$$

基于此董世平(Tung Shih-Ping)[55]指出由9未知数定理可得$\mathbb{Z}$上$\exists^{27}$不可判定, 他还问能否把27改得更小.

引理5.2.2 ([44]). 任给$m\in\mathbb{Z}$, 我们有

$$m\geqslant 0 \iff \exists x\neq 0[(4m+2)x^2+1\in\square].$$

证明: 如果$m<0$, 则对任何非零整数x有$(4m+2)x^2+1\leqslant 4m+3<0$.

现设$m\geqslant 0$. 由于平方数模4的余数只能是0或1, $4m+2$不是平方数. 根据定理2.3.1, Pell方程$y^2-(4m+2)x^2=1$有无穷多组整数解, 从而有整数$x\neq 0$使得$(4m+2)x^2+1$为平方数.

综上, 引理5.2.2得证.

定理5.2.1 (整变元情形的关系组合定理, 孙智伟 [44]). 设$A_1,\cdots,A_k,B,C_1,\cdots,C_n$, D,E为整数且$D\neq 0$. 则

$$A_1,\cdots,A_k\in\square \wedge B\neq 0 \wedge C_1,\cdots,C_n\geqslant 0 \wedge D\mid E$$
$$\iff \exists z_1\cdots\exists z_{n+2}[P(A_1,\cdots,A_k,B,C_1,\cdots,C_n,D,E,z_1,\cdots,z_{n+2})=0],$$

这里P是个适当的$k+2n+5$元整系数多项式.

证明: 根据引理5.2.2,

$$B\neq 0\wedge C_1,\cdots,C_n\geqslant 0$$
$$\iff C_1,\cdots,C_{n-1}\geqslant 0\wedge B^2(C_n+1)>0$$
$$\iff \exists x_1\cdots\exists x_{n-1}[(4C_1+2)x_1^2+1,\cdots,(4C_{n-1}+2)x_{n-1}^2+1\in\square$$
$$\wedge B^2(C_n+1)x_1^2\cdots x_{n-1}^2>0].$$

再应用Matiyasevich-Robinson关系组合定理(即定理5.1.2)与引理5.2.1, 我们得到

$$A_1,\cdots,A_k\in\square \wedge B\neq 0 \wedge C_1,\cdots,C_n\geqslant 0 \wedge D\mid E$$
$$\iff \exists x_1\cdots\exists x_{n-1}[A_1,\cdots,A_k,(4C_1+2)x_1^2+1,\cdots,(4C_{n-1}+2)x_{n-1}^2+1\in\square$$
$$\wedge B^2(C_n+1)x_1^2\cdots x_{n-1}^2>0\wedge D\mid E]$$
$$\iff \exists x_1\cdots\exists x_{n-1}\exists x\exists y\exists z[M_{k+n-1}(A_1,\cdots,A_k,(4C_1+2)x_1^2+1,\cdots,$$
$$(4C_{n-1}+2)x_{n-1}^2+1,D,E,B^2(C_n+1)x_1^2\cdots x_{n-1}^2,x^2+y^2+z^2+z)=0].$$

这就结束了我们的证明.

易见定理5.2.1有下述推论.

推论5.2.1 (孙智伟 [44]). 对于正整数n,

$$\mathbb{N}上\exists^n\text{不可判定} \implies \mathbb{Z}上\exists^{2n+2}\text{不可判定}.$$

因此由9未知数定理可得$\mathbb{Z}$上$\exists^{20}$不可判定.

§5.3 有理数域上的关系组合定理

有理数域$\mathbb{Q}$上的 Hilbert 第十问题要求找算法可用以判定对任意的$P(x_1,\cdots,x_n) \in \mathbb{Q}[x_1,\cdots,x_n]$ 可判定方程$P(x_1,\cdots,x_n) = 0$是否在$\mathbb{Q}$上有解. 这是著名的未解决问题. 如果$\mathbb{Z}$是$\mathbb{Q}$上 Diophantus 集, 则由$\mathbb{Z}$上 Hilbert 第十问题的不可判定可得出$\mathbb{Q}$上 Hilbert 第十问题也不可判定.

J. Robinson[34]在1949年证明了$\mathbb{Z}$在$\mathbb{Q}$上是一阶可定义的, 具体说来, 有多项式

$$F \in \mathbb{Z}[t, x_1, x_2, y_1, \cdots, y_7, z_1, \cdots, z_6]$$

使得$t \in \mathbb{Q}$为整数当且仅当在$\mathbb{Q}$上有

$$\forall x_1 \forall x_2 \exists y_1 \cdots \exists y_7 \forall z_1 \cdots \forall z_6 [F(t, x_1, x_2, y_1, \cdots, y_7, z_1, \cdots, z_6) = 0].$$

B. Poonen[30]在2009年改进了J. Robinson的工作, 他证明了有多项式$G \in \mathbb{Z}[t, x_1, x_2, y_1, \cdots, y_7]$ 使得$t \in \mathbb{Q}$为整数当且仅当在$\mathbb{Q}$上有

$$\forall x_1 \forall x_2 \exists y_1 \cdots \exists y_7 [G(t, x_1, x_2, y_1, \cdots, y_7) = 0].$$

J. Koenigsmann[18]在2016年证明了有$H \in \mathbb{Z}[t, x_1, x_2, \cdots, x_n]$使得$t \in \mathbb{Q}$不是整数当且仅当在$\mathbb{Q}$上有

$$\exists x_1 \exists x_2 \cdots \exists x_n [H(t, x_1, x_2, \cdots, x_n) = 0].$$

因此$\mathbb{Q} \setminus \mathbb{Z}$是$\mathbb{Q}$上 Diophantus 集. N. Daans(参见[4, 5])证明了Koenigsmann定理中n可取为38. 2021年, 张耕瑞与作者[60]又作了进一步的改进, 证明Koenigsmann定理中n可取为32, 证明过程中一个关键的技术便是新颖的$\mathbb{Q}$上关系组合定理.

本节中变元为有理数变元, $\square$指$\{r^2 : r \in \mathbb{Q}\}$.

定理5.3.1 (ℚ上关系组合定理, 张耕瑞与孙智伟 [60]). 设 $A_1, \cdots, A_k \in \mathbb{Q}^* = \mathbb{Q} \setminus \{0\}$, 且

$$\mathcal{J}_k(A_1, \cdots, A_k, x) = \prod_{s=1}^{k} A_s^{(k-1)2^{k+1}} \times \prod_{\varepsilon_1, \cdots, \varepsilon_k \in \{\pm 1\}} \left(x + \sum_{s=1}^{k} \varepsilon_s \sqrt{A_s} W^{s-1} \right),$$

其中

$$W = \left(k + \sum_{s=1}^{k} A_s^2 \right) \left(1 + \sum_{s=1}^{k} A_s^{-2} \right).$$

则 $\mathcal{J}_k(x_1, \cdots, x_k, x)$ 是整系数多项式, 而且

$$A_1, \cdots, A_k \in \square \iff \exists x [\mathcal{J}_k(A_1, \cdots, A_k, x) = 0].$$

证明: 回忆一下,

$$I_k(x_1, \cdots, x_k, x, y) = \prod_{\varepsilon_1, \cdots, \varepsilon_k \in \{\pm 1\}} \left(x + \varepsilon_1 \sqrt{x_1} + \varepsilon_2 \sqrt{x_2} y + \cdots + \varepsilon_k \sqrt{x_k} y^{k-1} \right)$$

是个整系数多项式, 它关于 y 的次数为 $(k-1)2^k$. 故 $\mathcal{J}_k(x_1, \cdots, x_k, x)$ 是整系数多项式.

注意

$$W = \left(\sum_{s=1}^{k} (1 + A_s^2) \right) \left(1 + \sum_{s=1}^{k} A_s^{-2} \right)$$
$$= \sum_{s=1}^{k} (1 + A_s^2) + \sum_{r=1}^{k} \sum_{s=1}^{k} A_r^{-2} (1 + A_s^2).$$

$0 \leqslant \alpha \leqslant 1$ 时显然 $1 + \alpha^4 \geqslant 1 \geqslant \alpha$; 当 $\alpha \geqslant 1$ 时 $1 + \alpha^4 \geqslant \alpha^4 \geqslant \alpha$. 故对任何 $\alpha \geqslant 0$ 有 $1 + \alpha^4 \geqslant \alpha$, 从而对 $s = 1, \cdots, k$ 都有 $1 + A_s^2 \geqslant |\sqrt{A_s}|$. 因此,

$$W \geqslant \sum_{s=1}^{k} (1 + A_s^2) + 1 \geqslant 1 + \sum_{s=1}^{k} |\sqrt{A_s}|.$$

如果 $t \in \{1, \cdots, k\}$ 且 $|A_t| \geqslant 1$, 则

$$|\sqrt{A_t}| W \geqslant W \geqslant 1 + \sum_{s=1}^{k} |\sqrt{A_s}|.$$

如果$1 \leqslant t \leqslant k$且$|A_t| < 1$, 则$|\sqrt{A_t}| = |A_t|^{\frac{1}{2}} > A_t^2$, 从而

$$|\sqrt{A_t}|W \geqslant |\sqrt{A_t}| \left(1 + \sum_{s=1}^{k} A_t^{-2}(1 + A_s^2) \right)$$

$$\geqslant |\sqrt{A_t}| + \sum_{s=1}^{k}(1 + A_s^2) = |\sqrt{A_t}| + (1 + A_t^2) + \sum_{\substack{s=1 \\ s \neq t}}^{k}(1 + A_s^2)$$

$$\geqslant 1 + \sum_{s=1}^{k}|\sqrt{A_s}|.$$

因此

$$W \geqslant \frac{1 + \sum\limits_{s=1}^{k}|\sqrt{A_s}|}{\min\{|\sqrt{A_1}|, \cdots, |\sqrt{A_k}|\}}.$$

我们只需再证下述断言:对任何有理数

$$W_k \geqslant \frac{1 + \sum\limits_{s=1}^{k}|\sqrt{A_s}|}{\min\{|\sqrt{A_1}|, \cdots, |\sqrt{A_k}|\}}, \tag{5.3.1}$$

有

$$A_1, \cdots, A_k \in \square \iff \exists x[I_k(A_1, \cdots, A_k, x, W_k) = 0].$$

$\Rightarrow$: 如果有非负有理数$a_1, \cdots, a_k$使得$A_1 = a_1^2, \cdots, A_k = a_k^2$, 则对非负有理数$x = a_1 + a_2 W_k + \cdots + a_k W_k^{k-1} \in \mathbb{Q}$有$I_k(A_1, \cdots, A_k, x, W_k) = 0$.

$\Leftarrow$: $k = 1$的情形是容易的, 因为$I_1(A_1, x, W_1) = x^2 - A_1$.

现设$k > 1$并假定k值更小时已有所要结论. 假设有理数W_k满足不等式(5.3.1)且有理数x满足方程$I_k^*(A_1, \cdots, A_k, x, W_k) = 0$, 则有$\varepsilon_1, \cdots, \varepsilon_k \in \{\pm 1\}$使得

$$x + \sum_{s=1}^{k} \varepsilon_s \sqrt{A_s} W_k^{s-1} = 0.$$

如果有$a_k \in \mathbb{Q}$使得$A_k = a_k^2$, 则对有理数$x' = x + \varepsilon_k|a_k|W_k^{k-1}$有

$$x' + \varepsilon_1 \sqrt{A_1} + \varepsilon_2 \sqrt{A_2} W_k + \cdots + \varepsilon_{k-1}\sqrt{A_{k-1}}W_k^{k-2} = 0,$$

从而$I_{k-1}(A_1, \cdots, A_{k-1}, x', W_k) = 0$. 对$t = 1, \cdots, k-1$我们有

$$|\sqrt{A_t}|W_k \geqslant 1 + \sum_{s=1}^{k}|\sqrt{A_s}| \geqslant 1 + \sum_{s=1}^{k-1}|\sqrt{A_s}|.$$

故依归纳假设得 $A_1, \cdots, A_{k-1} \in \square$.

下面假设 $A_k \notin \square$, 于是有素数 p 使得 $\nu_p(A_k)$ 为奇数. 令

$$S_0 = \bigcup_{s=1}^{k} \{\sqrt{q} : q \neq p \text{为素数且} 2 \nmid \nu_q(A_s)\},$$

$$S = \begin{cases} S_0 & \text{如果 } A_1, \cdots, A_k \text{均非负,} \\ S_0 \cup \{i\} & \text{此外,} \end{cases}$$

这里 i 指 $\sqrt{-1}$. 再让 $L = \mathbb{Q}(S), n = |S|$. 根据引理5.1.1, 我们有

$$[L : \mathbb{Q}] = 2^n \quad \text{与} \quad [L(\sqrt{p}) : \mathbb{Q}] = 2^{n+1}.$$

由于

$$[L(\sqrt{p}) : L] = \frac{[L(\sqrt{p}) : \mathbb{Q}]}{[L : \mathbb{Q}]} = \frac{2^{n+1}}{2^n} = 2,$$

我们有 $\sqrt{p} \notin L$.

显然有 $a \in L$ 使得 $\varepsilon_k \sqrt{A_k} W_k^{k-1} = a\sqrt{p}$. 由于

$$\sum_{s=1}^{k-1} \varepsilon_s \sqrt{A_s} W_k^{s-1} \in L(\sqrt{p}),$$

又有 $b, c \in L$ 使得

$$\sum_{s=1}^{k-1} \varepsilon_s \sqrt{A_s} W_k^{s-1} = b\sqrt{p} + c.$$

于是

$$a\sqrt{p} + b\sqrt{p} + c + x = x + \sum_{s=1}^{k} \varepsilon_s \sqrt{A_s} W_k^{s-1} = 0,$$

从而 $a + b = 0$ 且 $c + x = 0$(因为 $\sqrt{p} \notin L$). 由于

$$\varepsilon_k \sqrt{A_k} W_k^{k-1} = a\sqrt{p} = -b\sqrt{p} = - \sum_{\substack{0 < s < k \\ 2 \nmid \nu_p(A_s)}} \varepsilon_s \sqrt{A_s} W_k^{s-1},$$

我们有

$$|\sqrt{A_k}| W_k^{k-1} = |\varepsilon_k \sqrt{A_k} W_k^{k-1}| \leqslant \sum_{s=1}^{k-1} |\sqrt{A_s}| W_k^{s-1}.$$

另一方面,

$$|\sqrt{A_k}|W_k^{k-1} \geqslant W_k^{k-2}\left(1+\sum_{s=1}^{k}|\sqrt{A_s}|\right) > W_k^{k-2}\sum_{s=1}^{k-1}|\sqrt{A_s}| \geqslant \sum_{s=1}^{k-1}|\sqrt{A_s}|W_k^{s-1}.$$

故得矛盾.

定理5.3.1证毕.

基于Daans[4]的工作, 张耕瑞与作者[60]利用独特的定理5.3.1与作者的11未知数定理(参见[52]) 建立了下述结果.

定理5.3.2. (i) 有多项式$P(t,x_1,\cdots,x_n) \in \mathbb{Z}[t,x_1,\cdots,x_n]$ 使得对任何的$t \in \mathbb{Q}$有

$$t \notin \mathbb{Z} \iff \exists x_1\cdots\exists x_n[P(t,x_1,\cdots,x_n)=0],$$

而且$\deg P < 2.1 \times 10^{11}$.

(ii) 没有算法可对任何的$f(x_1,\cdots,x_{41}) \in \mathbb{Z}[x_1,\cdots,x_{41}]$判定在$\mathbb{Q}$上是否有

$$\forall x_1\cdots\forall x_9\exists y_1\cdots\exists y_{32}[f(x_1,\cdots,x_9,y_1,\cdots,y_{32})=0].$$

第6章 11未知数定理

本章目的在于证明作者在1992年博士论文[42]中的主要结果: 不存在算法可判定任给的有11个未知数的整系数多项式方程是否有整数解, 这是$\mathbb{Z}$上Hilbert第十问题在限定未知数个数方面的最好记录.

§6.1 p进表示的基本性质

本章中我们固定p为任一个大于1的整数.每个自然数a有唯一的p进展开式

$$\sum_{i=0}^{\infty} a_i p^i \ (a_i \in \{0, \cdots, p-1\}, \text{并且}i\text{充分大时}a_i = 0).$$

如果$n = \sum_{i=0}^{k} a_i p^i$ (其中$a_i \in \{0, \cdots, p-1\}$), 我们就写$n = [a_k, \cdots, a_0]_p$, 并把$a_k \cdots a_0$称为$n$的$p$进表示(其中$a_i$叫作第$i$位数字), 还把$\sigma_p(n) = a_k + \cdots + a_0$叫作$n$的$p$进表示各位数字之和.例如; 1101是$1 \times 2^3 + 1 \times 2^2 + 0 \times 2 + 1 \times 2^0 = 11$的二进制表示, 其各位数字之和为$\sigma_2(11) = 1 + 1 + 0 + 1 = 3$.

引理6.1.1 (A.-M. Legendre). (i) 任给自然数n, 我们有

$$\sigma_p(n) = n - (p-1) \sum_{i=1}^{\infty} \left\lfloor \frac{n}{p^i} \right\rfloor. \tag{6.1.1}$$

(ii) 假设p为素数且$n \in \mathbb{N}$, 则

$$\sum_{i=1}^{\infty} \left\lfloor \frac{n}{p^i} \right\rfloor = \mathrm{ord}_p(n!). \tag{6.1.2}$$

证明: (i) 假设$n = \sum_{i=0}^{k} a_i p^i$ (其中$a_i \in \{0, \cdots, p-1\}$), 则对$j = 0, \cdots, k$有

$$\sum_{0 \leqslant i < j} a_i p^i \leqslant \sum_{0 \leqslant i < j} (p-1) p^i = p^j - 1 < p^j \text{ 且 } \left\lfloor \frac{n}{p^j} \right\rfloor = \sum_{i=j}^{k} a_i p^{i-j}.$$

于是$0 \leqslant j < k$时

$$\left\lfloor \frac{n}{p^j} \right\rfloor - p \left\lfloor \frac{n}{p^{j+1}} \right\rfloor = \sum_{i=j}^{k} a_i p^{i-j} - p \sum_{i=j+1}^{k} a_i p^{i-(j+1)} = a_j,$$

注意也有

$$a_k = \left\lfloor \frac{n}{p^k} \right\rfloor = \left\lfloor \frac{n}{p^k} \right\rfloor - p \left\lfloor \frac{n}{p^{k+1}} \right\rfloor,$$

因此

$$\sigma_p(n) = \sum_{j=0}^{k} a_j = \sum_{j=0}^{k} \left(\left\lfloor \frac{n}{p^j} \right\rfloor - p \left\lfloor \frac{n}{p^{j+1}} \right\rfloor \right) = n - (p-1) \sum_{i=1}^{k} \left\lfloor \frac{n}{p^i} \right\rfloor = n - (p-1) \sum_{i=1}^{\infty} \left\lfloor \frac{n}{p^i} \right\rfloor.$$

(ii) 易见

$$\mathrm{ord}_p(n!) = \mathrm{ord}_p \left(\prod_{k=1}^{n} k \right) = \sum_{k=1}^{n} \mathrm{ord}_p(k) = \sum_{k=1}^{n} \sum_{\substack{i=1 \\ p^i|k}}^{\infty} 1 = \sum_{i=1}^{\infty} \sum_{\substack{k=1 \\ p^i|k}}^{n} 1 = \sum_{i=1}^{\infty} \left\lfloor \frac{n}{p^i} \right\rfloor.$$

综上, 引理6.1.1得证.

对于$a, b \in \mathbb{N}$, 我们用$\tau_p(a,b)$表示p进制形式的a与b相加时需向前进位的位个数.例如:二进制数

$$[1,0,1,0,1]_2 = 2^4 + 2^2 + 2^0 = 21 \ \ \text{与} \ \ [1,0,0,1,1]_2 = 2^4 + 2^1 + 2^0 = 19$$

相加时需向前进位的位为右数第0位、第1位、第2位、第4位, 从而$\tau_2(21,19) = 4$.

引理6.1.2. 设$X \in p\uparrow, a, b \in \{0, \cdots, X-1\}$且$m, n \in \mathbb{N}$. 则

$$\tau_p(a + mX, b + nX) = 0 \iff \tau_p(a,b) = 0 \wedge \tau_p(m,n) = 0. \tag{6.1.3}$$

证明: $X = 1$时$a = b = 0$, 从而(6.1.3)成立.

下设$X = p^k$, 其中$k \in \mathbb{Z}_+$. 由于$a, b < X = p^k$, 可设a与b的p进表示分别为$a_{k-1} \cdots a_0$与$b_{k-1} \cdots b_0$. 假设m与n分别有p进表示$m_s \cdots m_1 m_0$与$n_s \cdots n_1 n_0$, 则

$$m_s m_{s-1} \cdots m_0 a_{k-1} \cdots a_0 \ \ \text{与} \ \ n_s n_{s-1} \cdots n_0 b_{k-1} \cdots b_0$$

分别为$mX + a$与$nX + b$的p进表示, 从而

$$\tau_p(a + mX, b + nX) = 0 \iff \bigwedge_{i=0}^{k-1}(a_i + b_i < p) \bigwedge_{t=0}^{s}(m_t + n_t < p)$$

$$\iff \tau_p(a,b) = 0 \wedge \tau_p(m,n) = 0.$$

这就完成了(6.1.3)的证明.

注记6.1. 设 $X \in p \uparrow$, 且 $a, b \in \mathbb{N}$ 分别有 X 进表示 $a_n a_{n-1} \cdots a_0$ 与 $b_n b_{n-1} \cdots b_0$. 反复应用引理6.1.2得

$$
\begin{aligned}
\tau_p(a, b) = 0 &\iff \tau_p(a_0, b_0) = 0 \wedge \tau_p([a_n, \cdots, a_1]_p, [b_n, \cdots, b_1]_p) = 0 \\
&\iff \tau_p(a_0, b_0) = 0 \wedge \tau_p(a_1, b_1) = 0 \wedge \tau_p([a_n, \cdots, a_2]_p, [b_n, \cdots, b_2]_p) = 0 \\
&\iff \tau_p(a_0, b_0) = 0 \wedge \tau_p(a_1, b_1) = 0 \wedge \cdots \wedge \tau(a_n, b_n) = 0.
\end{aligned}
$$

引理6.1.3 (E. Kummer, 1852). 设 p 为素数. 任给 $a, b \in \mathbb{N}$, 我们有

$$
\tau_p(a, b) = \operatorname{ord}_p \binom{a+b}{a} = \frac{\sigma_p(a) + \sigma_p(b) - \sigma_p(a+b)}{p-1}. \tag{6.1.4}
$$

证明: 任给 $i \in \mathbb{N}$, 写

$$
a = \left\lfloor \frac{a}{p^{i+1}} \right\rfloor p^{i+1} + a', \ b = \left\lfloor \frac{b}{p^{i+1}} \right\rfloor p^{i+1} + b',
$$

其中 $a', b' \in \{0, \cdots, p^{i+1} - 1\}$. p 进形式的 a, b 相加时(右数)第 i 位（最右的为第0 位）向第 $i+1$ 位进位当且仅当 $a' + b' \geqslant p^{i+1}$. 由于 $a' + b' < 2p^{i+1}$, 我们有

$$
\left\lfloor \frac{a' + b'}{p^{i+1}} \right\rfloor \in \{0, 1\}.
$$

注意

$$
\frac{a+b}{p^{i+1}} = \left\lfloor \frac{a}{p^{i+1}} \right\rfloor + \left\lfloor \frac{b}{p^{i+1}} \right\rfloor + \frac{a' + b'}{p^{i+1}},
$$

从而

$$
\left\lfloor \frac{a+b}{p^{i+1}} \right\rfloor = \left\lfloor \frac{a}{p^{i+1}} \right\rfloor + \left\lfloor \frac{b}{p^{i+1}} \right\rfloor + \left\lfloor \frac{a' + b'}{p^{i+1}} \right\rfloor.
$$

由上知,

$$
\tau_p(a, b) = \sum_{i=0}^{\infty} \left(\left\lfloor \frac{a+b}{p^{i+1}} \right\rfloor - \left\lfloor \frac{a}{p^{i+1}} \right\rfloor - \left\lfloor \frac{b}{p^{i+1}} \right\rfloor \right) = \sum_{j=1}^{\infty} \left\lfloor \frac{a+b}{p^j} \right\rfloor - \sum_{j=1}^{\infty} \left\lfloor \frac{a}{p^j} \right\rfloor - \sum_{j=1}^{\infty} \left\lfloor \frac{b}{p^j} \right\rfloor.
$$

根据引理6.1.1,

$$
\begin{aligned}
\operatorname{ord}_p \binom{a+b}{a} &= \operatorname{ord}_p \frac{(a+b)!}{a! b!} = \operatorname{ord}_p((a+b)!) - \operatorname{ord}_p(a!) - \operatorname{ord}_p(b!) \\
&= \sum_{j=1}^{\infty} \left\lfloor \frac{a+b}{p^j} \right\rfloor - \sum_{j=1}^{\infty} \left\lfloor \frac{a}{p^j} \right\rfloor - \sum_{j=1}^{\infty} \left\lfloor \frac{b}{p^j} \right\rfloor \\
&= \frac{a+b - \sigma_p(a+b)}{p-1} - \frac{a - \sigma_p(a)}{p-1} - \frac{b - \sigma_p(b)}{p-1} = \frac{\sigma_p(a) + \sigma_p(b) - \sigma_p(a+b)}{p-1}.
\end{aligned}
$$

因此(6.1.4)成立.

注记6.2. 例如:二进制数$[1,0,1,0,1]_2 = 21$与$[1,0,0,1,1]_2 = 19$相加得$[1,0,1,0,0,0]_2 = 40$, $\tau_2(21,19) = 4$, $\binom{40}{21} = \binom{40}{19} = 2^4 \times 8\ 205\ 150\ 525$, 而且

$$\sigma_2(21) + \sigma_2(19) - \sigma_2(40) = 3 + 3 - 2 = 4.$$

定理6.1.1. 设p为素数, $P \in \{p, p^2, p^3, \cdots\}$, $N \in P \uparrow$且$S, T \in \{0, \cdots, N-1\}$. 则

$$\tau_p(S, T) = 0 \iff N^2 \left| \binom{P\frac{N-1}{P-1}R}{\frac{N-1}{P-1}R} \right., \tag{6.1.5}$$

其中$R := (S+T+1)N + T + 1$.

证明: 写$N = p^n$, 其中$n \in \mathbb{N}$. 应用引理6.1.3, 我们有

$$N^2 \left| \binom{P\frac{N-1}{P-1}R}{\frac{N-1}{P-1}R} \right.$$
$$\iff \tau_p\left((N-1)R, \frac{N-1}{P-1}R\right) \geqslant 2n$$
$$\iff \sigma_p((N-1)R) + \sigma_p\left(\frac{N-1}{P-1}R\right) - \sigma_p\left(P\frac{N-1}{P-1}R\right) \geqslant 2n(p-1).$$

显然对任何$m \in \mathbb{N}$有$\sigma_p(Pm) = \sigma_p(m)$. 易见

$$(N-1)R = (S+T)N^2 + (N-1-S)N + N-1-T,$$

从而

$$\sigma_p((N-1)R) = \sigma_p(S+T) + \sigma_p(N-1-S) + \sigma_p(N-1-T).$$

由于$N-1 = \sum_{0 \leqslant i < n}(p-1)p^i$, 我们有

$$\sigma_p(N-1-S) = n(p-1) - \sigma_p(S) \text{ 且 } \sigma_p(N-1-T) = n(p-1) - \sigma_p(T).$$

因此

$$N^2 \left| \binom{P\frac{N-1}{P-1}R}{\frac{N-1}{P-1}R} \right.$$
$$\iff \sigma_p((N-1)R) \geqslant 2n(p-1)$$
$$\iff \sigma_p(S+T) + (n(p-1) - \sigma_p(S)) + (n(p-1) - \sigma_p(T)) \geqslant 2n(p-1)$$
$$\iff \sigma_p(S) + \sigma_p(T) \leqslant \sigma_p(S+T).$$

依引理6.1.3,

$$\sigma_p(S) + \sigma_p(T) \leqslant \sigma_p(S+T) \iff \tau_p(S, T) \leqslant 0 \iff \tau_p(S, T) = 0.$$

故(6.1.5)成立.

§6.2　第一个辅助定理

下面这个定理基本且有用, 其基本证明思想源于Matiyasevich与Robinson的重要论文[22].

定理6.2.1. 设$\delta, L \in \mathbb{Z}_+$, 又设$z_0, \ldots, z_\nu \in \mathbb{N}$且

$$P(z_0, \ldots, z_\nu) = \sum_{\substack{i_0, \ldots, i_\nu \\ i_0 + \cdots + i_\nu \leqslant \delta}} a_{i_0, \ldots, i_\nu} z_0^{i_0} \ldots z_\nu^{i_\nu},$$

这里$a_{i_0, \ldots, i_\nu} \in \mathbb{Z}$且$|a_{i_0, \ldots, i_\nu}| \leqslant L$. 设$B \in \mathbb{Z}$且$B > 2(1 + z_0 + \cdots + z_\nu)^\delta \delta! L$, 则$P(z_0, \ldots, z_\nu) = 0$当且仅当有整数$z$使得

$$\frac{2C(B)D(B) - B^{(\delta+1)^{\nu+1}}}{2B^{(\delta+1)^{\nu+1}+1}} \leqslant z \leqslant \frac{2C(B)D(B) + B^{(\delta+1)^{\nu+1}}}{2B^{(\delta+1)^{\nu+1}+1}} \tag{6.2.1}$$

这里$C(x) = \left(1 + \sum\limits_{i=0}^{\nu} z_i x^{(\delta+1)^i}\right)^\delta$且

$$D(x) = \sum_{\substack{i_0, \ldots, i_\nu \in \mathbb{N} \\ i_0 + \cdots + i_\nu \leqslant \delta}} i_0! \ldots i_\nu! (\delta - i_0 - \cdots - i_\nu)! a_{i_0, \ldots, i_\nu} x^{(\delta+1)^{\nu+1} - \sum\limits_{j=0}^{\nu} i_j (\delta+1)^j}.$$

证明: 如果$i_0, \cdots, i_\nu \in \mathbb{N}$满足$i_0 + \cdots + i_\nu \leqslant \delta$, 则多项式系数

$$\binom{\delta}{i_0, \cdots, i_\nu, \delta - i_0 - \cdots - i_\nu} = \frac{\delta!}{i_0! \cdots i_\nu! (\delta - i_0 - \cdots - i_\nu)!}$$

是个正整数, 从而

$$i_0! \cdots i_\nu! (\delta - i_0 - \cdots - i_\nu)! \leqslant \delta!. \tag{6.2.2}$$

写

$$C(x) = \sum_{i=0}^{\delta(\delta+1)^\nu} c_i x^i, \quad D(x) = \sum_{j=0}^{(\delta+1)^{\nu+1}} d_j x^j.$$

则$c_i \geqslant 0$, 且$|d_j| \leqslant \delta! L$ (利用(6.2.2)). 再写

$$C(x)D(x) = \sum_{k=0}^{(2\delta+1)(\delta+1)^\nu} r_k x^k,$$

则

$$r_k = \sum_{\substack{0 \leqslant i \leqslant \delta(\delta+1)^\nu \\ 0 \leqslant j \leqslant (\delta+1)^{\nu+1} \\ i+j=k}} c_i d_j$$

且

$$|r_k| \leqslant \sum_{i=0}^{\delta(\delta+1)^{\nu}} c_i \delta! L = C(1)\delta! L = (1 + z_0 + \cdots + z_\nu)^\delta \delta! L < \frac{B}{2}.$$

由多项式定理,

$$C(x) = \sum_{\substack{i_0,\ldots,i_\nu \in \mathbb{N} \\ i_0 + \cdots + i_\nu \leqslant \delta}} \binom{\delta}{i_0,\ldots,i_\nu, \delta - i_0 - \cdots - i_\nu} z_0^{i_0} \ldots z_\nu^{i_\nu} x^{\sum\limits_{j=0}^{\nu} i_j (\delta+1)^j}.$$

因此

$$r_{(\delta+1)^{\nu+1}} = \sum_{\substack{i_0,\ldots,i_\nu \in \mathbb{N} \\ i_0 + \cdots + i_\nu \leqslant \delta}} \delta! a_{i_0,\ldots,i_\nu} z_0^{i_0} \ldots z_\nu^{i_\nu} = \delta! P(z_0,\ldots,z_\nu).$$

假设$P(z_0,\ldots,z_\nu) = 0$, 则$r_{(\delta+1)^{\nu+1}} = 0$. 对于整数

$$z = \sum_{k=(\delta+1)^{\nu+1}+1}^{(2\delta+1)(\delta+1)^{\nu}} r_k B^{k-1-(\delta+1)^{\nu+1}},$$

我们有

$$C(B)D(B) - zB^{(\delta+1)^{\nu+1}+1} = \sum_{k=0}^{(\delta+1)^{\nu+1}-1} r_k B^k,$$

从而

$$\left| C(B)D(B) - zB^{(\delta+1)^{\nu+1}+1} \right| \leqslant \sum_{k=0}^{(\delta+1)^{\nu+1}-1} |r_k| B^k$$

$$\leqslant \frac{B-1}{2} \sum_{k=0}^{(\delta+1)^{\nu+1}-1} B^k \leqslant \frac{B^{(\delta+1)^{\nu+1}}}{2}.$$

因此(6.2.1)成立.

现在假设有整数z满足(6.2.1). 我们要证$P(z_0,\ldots,z_\nu) = 0$. 由(6.2.1)我们有

$$\left| C(B)D(B) - zB^{(\delta+1)^{\nu+1}+1} \right| \leqslant \frac{1}{2} B^{(\delta+1)^{\nu+1}}.$$

令

$$S := r_{(\delta+1)^{\nu+1}} + \sum_{k=(\delta+1)^{\nu+1}+1}^{(2\delta+1)(\delta+1)^{\nu}} r_k B^{k-(\delta+1)^{\nu+1}} - Bz,$$

则

$$SB^{(\delta+1)^{\nu+1}} = r_{(\delta+1)^{\nu+1}}B^{(\delta+1)^{\nu+1}} + \sum_{k=(\delta+1)^{\nu+1}+1}^{(2\delta+1)(\delta+1)^{\nu}} r_k B^k - zB^{(\delta+1)^{\nu+1}+1}$$

$$= C(B)D(B) - \sum_{k=0}^{(\delta+1)^{\nu+1}-1} r_k B^k - zB^{(\delta+1)^{\nu+1}+1}$$

且

$$|SB^{(\delta+1)^{\nu+1}}| \leqslant |C(B)D(B) - zB^{(\delta+1)^{\nu+1}+1}| + \sum_{k=0}^{(\delta+1)^{\nu+1}-1} |r_k|B^k$$

$$\leqslant \frac{B^{(\delta+1)^{\nu+1}}}{2} + \frac{B-1}{2}\sum_{k=0}^{(\delta+1)^{\nu+1}-1} B^k = B^{(\delta+1)^{\nu+1}} - \frac{1}{2}.$$

故必有 $S = 0$, 因而 $B \mid r_{(\delta+1)^{\nu+1}}$. 由于

$$\left|r_{(\delta+1)^{\nu+1}}\right| < \frac{B}{2},$$

我们有

$$\delta! P(z_0, \ldots, z_\nu) = r_{(\delta+1)^{\nu+1}} = 0,$$

从而 $P(z_0, \ldots, z_\nu) = 0$.

综上, 我们完成了定理6.2.1的证明.

引理6.2.1. 设 $\delta \in \mathbb{Z}_+$, $z_0, \cdots, z_\nu \in \mathbb{N}$ 且

$$P(z_0, z_1, \cdots, z_\nu) = \sum_{\substack{i_0, \cdots, i_\nu \in \mathbb{N} \\ i_0 + \cdots + i_\nu \leqslant \delta}} a_{i_0, \cdots, i_\nu} z_0^{i_0} \cdots z_\nu^{i_\nu},$$

其中 $a_{i_0, \cdots, i_\nu} \in \mathbb{Z}$ 而且 $|a_{i_0, \cdots, i_\nu}| \leqslant L \in \mathbb{Z}_+$. 设 $p > 1$ 为整数, 又设 $B, X \in p \uparrow$ 且

$$B > X > \delta! L(1 + z_0 + z_1 + \cdots + z_\nu)^\delta.$$

对 $i = 0, 1, 2, \cdots$ 让 $n_i = (\delta+1)^i$. 令 $c = 1 + \sum_{i=0}^{\nu} z_i B^{n_i}$ 且

$$K = c^\delta \sum_{\substack{i_0, \cdots, i_\nu \in \mathbb{N} \\ i_0 + \cdots + i_\nu \leqslant \delta}} i_0! \cdots i_\nu! (\delta - i_0 - \cdots - i_\nu)! a_{i_0, \cdots, i_\nu} B^{n_{\nu+1} - \sum_{s=0}^{\nu} i_s n_s}$$

$$+ X \sum_{i=0}^{(2\delta+1)n_\nu} B^i.$$

则 $B^{(2\delta+1)n_\nu} < K < B^{(2\delta+1)n_\nu+1}$, 而且

$$P(z_0, \cdots, z_\nu) = 0 \iff \tau_p(K, (X-1)B^{n_\nu+1}) = 0. \tag{6.2.3}$$

证明: 令

$$C(x) := \left(1 + \sum_{i=0}^\nu z_i x^{n_i}\right)^\delta,$$

$$D(x) := \sum_{\substack{i_0, \cdots, i_\nu \in \mathbb{N} \\ i_0 + \cdots + i_\nu \leqslant \delta}} i_0! \cdots i_\nu! (\delta - i_0 - \cdots - i_\nu)! a_{i_0, \cdots, i_\nu} x^{n_{\nu+1} - \sum\limits_{s=0}^\nu i_s n_s},$$

并写

$$C(x)D(x) = \sum_{k=0}^{(2\delta+1)n_\nu} r_k x^k.$$

显然, $C(B) = c^\delta$ 且

$$K = C(B)D(B) + X \sum_{i=0}^{(2\delta+1)n_\nu} B^i = \sum_{k=0}^{(2\delta+1)n_\nu} e_k B^k,$$

其中 $e_k = X + r_k$.

由定理6.2.1的证明知,

$$|e_k - X| = |r_k| \leqslant \delta! L \sum_{i=0}^{\delta n_\nu} c_i = \delta! L C(1) = \delta! L (1 + z_0 + \cdots + z_\nu)^\delta < X,$$

从而 $0 < e_k < 2X \leqslant pX \leqslant B$. 故有

$$B^{(2\delta+1)n_\nu} < \sum_{k=0}^{(2\delta+1)n_\nu} B^k \leqslant K = \sum_{k=0}^{(2\delta+1)n_\nu} e_k B^k \leqslant (B-1) \sum_{k=0}^{(2\delta+1)n_\nu} B^k < B^{(2\delta+1)n_\nu+1}.$$

由多项式定理,

$$C(x) = \sum_{\substack{i_0, \cdots, i_\nu \in \mathbb{N} \\ i_0 + \cdots + i_\nu \leqslant \delta}} \frac{\delta!}{i_0! \cdots i_\nu! (\delta - i_0 - \cdots - i_\nu)!} z_0^{i_0} \cdots z_\nu^{i_\nu} x^{\sum\limits_{s=0}^\nu i_s n_s}.$$

回忆一下, $n_s = (\delta+1)^s$. 显然 $C(x)D(x)$ 展开式中 $x^{n_{\nu+1}}$ 项系数等于

$$\sum_{\substack{i_0, \cdots, i_\nu \in \mathbb{N} \\ i_0 + \cdots + i_\nu \leqslant \delta}} \delta! z_0^{i_0} \cdots z_\nu^{i_\nu} a_{i_0, \cdots, i_\nu} = \delta! P(z_0, \cdots, z_\nu),$$

从而

$$-X < \delta! P(z_0, \cdots, z_\nu) = e_{n_{\nu+1}} - X < X.$$

由于 $K = \sum_{k=0}^{(2\delta+1)n_\nu} e_k B^k$(其中$0 < e_k < B$)且$0 \leqslant X - 1 < X < B$, 我们有

$$\tau_p(K, (X-1)B^{n_{\nu+1}}) = 0 \iff \tau_p(e_{n_{\nu+1}}, X-1) = 0$$

(注意$B \in p \uparrow$). 考虑到$X \in p \uparrow$且$e_{n_{\nu+1}} \in [1, 2X)$, 我们得到

$$\tau_p(e_{n_{\nu+1}}, X-1) = 0 \iff e_{n_{\nu+1}} = X \iff P(z_0, \cdots, z_\nu) = 0.$$

这就证明了(6.2.3)成立.

引理6.2.2. 设$p > 1$为整数, $b, B \in p \uparrow$且$b \leqslant B$. 又设$n_1, \cdots, n_k \in \mathbb{N}$且$n_1 < \cdots < n_k$. 假定$C \in \mathbb{Z}_+$且$b \leqslant C/B^{n_k} \leqslant B$, 则对$c \in \mathbb{N}$有

$$c \text{ 形如} \sum_{i=1}^{k} z_i B^{n_i} \text{ (其中} z_1, \cdots, z_k \in [0, b)) \iff c \in [0, C) \wedge \tau_p(c, M) = 0,$$

这里$M = \sum_{j=0}^{n_k} m_j B^j$, 且

$$m_j = \begin{cases} B - b & \text{如果 } j \in \{n_s : s = 1, \cdots, k\}, \\ B - 1 & \text{此外.} \end{cases}$$

证明: 如果有$z_1, \cdots, z_k \in [0, b)$使得$c = \sum_{i=1}^{k} z_i B^{n_i}$, 则

$$0 \leqslant c \leqslant \sum_{i=1}^{k} (b-1)B^{n_i} \leqslant (b-1)B^{n_k} + \sum_{j=0}^{n_k-1} (B-1)B^j = bB^{n_k} - 1 < C.$$

假设$c \in [0, C)$. 注意$c \leqslant B^{n_k+1} - 1 = \sum_{j=0}^{n_k} (B-1)B^j$. 如果$B = 1$, 则$c = 0$且$\tau_p(c, M) = 0$. 假如$B > 1$, 则可写$c = \sum_{j=0}^{n_k} c_j B^j$ (其中$c_j \in [0, B)$). 考虑到$b, B \in p \uparrow$, 我们有

$$\tau_p(c, M) = 0 \iff \tau_p(c_j, m_j) = 0 \text{对所有} j = 0, \cdots, n_k \text{成立}$$

$$\iff \text{对} i = 1, \cdots, k \text{有} c_{n_i} < b, \text{且对所有} j \notin \{n_s : 1 \leqslant s \leqslant k\} \text{有} c_j = 0$$

$$\iff \text{存在 } z_1, \cdots, z_k \in [0, b) \text{使得} c = \sum_{i=1}^{k} z_i B^{n_i}.$$

综上, 明所欲证.

下面给出本章需要的第一个辅助定理.

定理6.2.2. 设 $A \subseteq \mathbb{N}$ 为 Diophantus 集, 且 p 为素数. 则对每个 $a \in \mathbb{N}$ 有

$$a \in A \Rightarrow \forall Z > 0 \exists f \geqslant Z \exists g \in [b, \mathcal{C}) \left(b \in \square \wedge b \in p\uparrow \wedge Y \mid \binom{pX}{X} \right), \quad (6.2.4)$$

而且

$$\exists f \neq 0 \exists g \in [0, 2\mathcal{C}) \left(b \in \square \wedge b \in p\uparrow \wedge Y \mid \binom{pX}{X} \right) \Rightarrow a \in A, \quad (6.2.5)$$

其中

$$b := 1 + (p^2 - 1)(ap + 1)f, \quad (6.2.6)$$

$\mathcal{C}$ 形如 $p^{\alpha_1} p b^{\alpha_2}$ (其中 $\alpha_1, \alpha_2 \in \mathbb{Z}_+$ 仅依赖于 A), X 与 Y 是 $\mathbb{Z}[a, f, g]$ 中适当的多项式且满足: 如果 $a \in \mathbb{N}$, $f \in \mathbb{Z} \setminus \{0\}$, $b \in \square$ 且 $0 \leqslant g < 2\mathcal{C}$, 则

$$p + 1 \mid X, \quad X \geqslant 3b \ \text{且} \ Y \geqslant \max\{b, p^{4p}\}. \quad (6.2.7)$$

证明: 由于 A 是 Diophantus 集, 存在整系数多项式 $P(z_0, z_1, \cdots, z_\nu)$ 使得对任何 $a \in \mathbb{N}$ 有

$$a \in A \iff \exists z_1 \geqslant 0 \cdots \exists z_\nu \geqslant 0 [P(a, z_1, \cdots, z_\nu) = 0].$$

于是

$$a \in A \iff \exists z_1 \geqslant 0 \cdots \exists z_{\nu+1} \geqslant 0 [\bar{P}(a, z_1, \cdots, z_{\nu+1}) = 0],$$

这里

$$\bar{P}(z_0, z_1, \cdots, z_{\nu+1}) = P(z_0, z_1, \cdots, z_\nu)^2 + (z_{\nu+1} - 1)^2$$

且

$$\bar{P}(a, 0, \cdots, 0) = P(a, 0, \cdots, 0)^2 + (0 - 1)^2 > 0.$$

不失一般性, 我们直接假定对任何 $a \in \mathbb{N}$ 有 $P(a, 0, \cdots, 0) > 0$. 写

$$P(z_0, \cdots, z_\nu) = \sum_{\substack{i_0, \cdots, i_\nu \in \mathbb{N} \\ i_0 + \cdots + i_\nu \leqslant \delta}} a_{i_0, \cdots, i_\nu} z_0^{i_0} \cdots z_\nu^{i_\nu},$$

其中 $a_{i_0, \cdots, i_\nu} \in \mathbb{Z}$ 且 $\delta \in \mathbb{Z}_+$. 对于

$$\mathcal{L} := \max_{\substack{i_0, \cdots, i_\nu \in \mathbb{N} \\ i_0 + \cdots + i_\nu \leqslant \delta}} |a_{i_0, \cdots, i_\nu}|,$$

我们显然有
$$\mathcal{L} \geqslant a_{0,\cdots,0} = P(0,\cdots,0) > 0.$$

设$a \in \mathbb{N}$. 因p与$(p^2-1)(ap+1)$互素, 依数论中Euler定理有
$$p^{\varphi((p^2-1)(ap+1))} \equiv 1 \ (\mathrm{mod}\ (p^2-1)(ap+1)),$$

这里φ为Euler函数. 让$Z \in \mathbb{Z}_+$. 如果$a \in \mathcal{A}$, 则有$z_1,\cdots,z_\nu \in \mathbb{N}$使得$P(a,z_1,\cdots,z_\nu) = 0$, 故有充分大的正整数$n$使得
$$b_0 := p^{2n\varphi((p^2-1)(ap+1))} > \max\{z_1,\cdots,z_\nu, 1+(p^2-1)(ap+1)Z\};$$

此b_0为平方数, 且可写成$1+(p^2-1)(ap+1)f_0$, 这里$f_0 \in \mathbb{Z}$且$f_0 \geqslant Z$.

现在固定$a \in \mathbb{N}$, 并假定$f \in \mathbb{Z}\setminus\{0\}$且$b = 1+(p^2-1)(ap+1)f \in \square$. 易见$f > 0$, 从而$b \geqslant ap+1 > a$. 注意$0 < c := (\nu+1)b < (\nu+2)b-a$. 取正整数$\alpha$使得
$$\beta := p^{\alpha p} > (\nu+2)^\delta \delta! p\mathcal{L},$$

则
$$\mathcal{B} := \beta b^\delta > (\nu+2)^\delta \delta! p\mathcal{L}b^\delta \geqslant (a+c+1)^\delta \delta! p\mathcal{L} \geqslant p+(a+c)^\delta \delta! p\mathcal{L},$$

而且
$$\frac{\mathcal{B}}{p} > (a+c)^\delta \delta!\mathcal{L} \geqslant \delta!\mathcal{L}(1+a+\nu(b-1))^\delta. \tag{6.2.8}$$

定义
$$D(\mathcal{B}) := \sum_{\substack{i_0,\cdots,i_\nu \in \mathbb{N} \\ i_0+\cdots+i_\nu \leqslant \delta}} i_0!\cdots i_\nu!(\delta-i_0-\cdots-i_\nu)!a_{i_0,\cdots,i_\nu}\mathcal{B}^{(\delta+1)^{\nu+1}-\sum_{s=0}^{\nu}i_s(\delta+1)^s}.$$

根据(6.2.2), 我们有
$$\left| D(\mathcal{B}) - \delta!a_{0,\cdots,0}\mathcal{B}^{(\delta+1)^{\nu+1}} \right|$$
$$\leqslant \sum_{\substack{i_0,\cdots,i_\nu \in \mathbb{N} \\ 0<i_0+\cdots+i_\nu \leqslant \delta}} \delta!|a_{i_0,\cdots,i_\nu}|\mathcal{B}^{(\delta+1)^{\nu+1}-\sum_{s=0}^{\nu}i_s(\delta+1)^s}$$
$$\leqslant \delta!\mathcal{L}\sum_{r=0}^{(\delta+1)^{\nu+1}-1}\mathcal{B}^r \leqslant (\mathcal{B}-1)\sum_{r=0}^{(\delta+1)^{\nu+1}-1}\mathcal{B}^r < \mathcal{B}^{(\delta+1)^{\nu+1}},$$

从而
$$D(\mathcal{B}) > (\delta!a_{0,\cdots,0}-1)\mathcal{B}^{(\delta+1)^{\nu+1}} \geqslant 0 \tag{6.2.9}$$

(注意 $a_{0,\cdots,0} = P(0,\cdots,0) > 0$).

定义

$$M := \sum_{j=0}^{(\delta+1)^{\nu}} m_j \mathcal{B}^j, \qquad (6.2.10)$$

其中

$$m_j = \begin{cases} \mathcal{B}-b & \text{如果 } j \in \{(\delta+1)^i : i=1,\cdots,\nu\}, \\ \mathcal{B}-1 & \text{此外}. \end{cases}$$

则

$$0 \leqslant M \leqslant (\mathcal{B}-1)\sum_{j=0}^{(\delta+1)^{\nu}} \mathcal{B}^j < N_0 := \mathcal{B}^{(\delta+1)^{\nu}+1}.$$

让 $N_1 := p^2 \mathcal{B}^{(2\delta+1)(\delta+1)^{\nu}+1}$，则

$$0 \leqslant (\mathcal{B}-p)\mathcal{B}^{(\delta+1)^{\nu+1}} < \mathcal{B}^{(\delta+1)^{\nu+1}+1} \leqslant N_1,$$

而且

$$0 \leqslant T := M + (\mathcal{B}-p)\mathcal{B}^{(\delta+1)^{\nu+1}} N_0 \leqslant N_0 - 1 + (N_1-1)N_0 < N,$$

其中

$$N := N_0 N_1 = p^2 \mathcal{B}^{2(\delta+1)^{\nu+1}+2} \equiv b^{2\delta((\delta+1)^{\nu+1}+1)} \equiv 1 \ (\mathrm{mod}\ p^2-1). \qquad (6.2.11)$$

(注意由(6.2.6)知 $b \equiv 1 \ (\mathrm{mod}\ p^2-1)$.)

定义

$$\mathcal{C} := b\mathcal{B}^{(\delta+1)^{\nu}} = b(p^{\alpha p}b^{\delta})^{(\delta+1)^{\nu}}. \qquad (6.2.12)$$

让 $g \in [0, c\mathcal{B}^{(\delta+1)^{\nu}})$，并令

$$J := p(1 + a\mathcal{B} + g)^{\delta} D(\mathcal{B}) + \sum_{i=0}^{(2\delta+1)(\delta+1)^{\nu}} \mathcal{B}^{i+1}.$$

由于 $c = (\nu+1)b \leqslant \mathcal{B}$，我们有 $g < N_0$. 注意 $a\mathcal{B} + (g+1) \leqslant (a+c)\mathcal{B}^{(\delta+1)^{\nu}}$. 借助(6.2.2)与(6.2.8)，我们得到

$$0 \leqslant J \leqslant p(a+c)^{\delta}\mathcal{B}^{\delta(\delta+1)^{\nu}} \times \delta!L \sum_{i=0}^{(\delta+1)^{\nu+1}} \mathcal{B}^i + \sum_{i=0}^{(2\delta+1)(\delta+1)^{\nu}} \mathcal{B}^{i+1}$$

$$\leqslant (\mathcal{B}-p)\mathcal{B}^{\delta(\delta+1)^{\nu}}\frac{\mathcal{B}^{(\delta+1)^{\nu+1}+1}-1}{\mathcal{B}-1} + \frac{\mathcal{B}(\mathcal{B}^{(2\delta+1)(\delta+1)^{\nu}+1}-1)}{\mathcal{B}-1}$$

$$< \frac{(\mathcal{B}-p)+\mathcal{B}}{\mathcal{B}-1}\mathcal{B}^{(2\delta+1)(\delta+1)^{\nu}+1} \leqslant 2\mathcal{B}^{(2\delta+1)(\delta+1)^{\nu}+1} \leqslant N_1,$$

从而$0 \leqslant S := g + JN_0 < N_0N_1 = N$. 让

$$R := (S + T + 1)N + T + 1, \ X := \frac{N-1}{p-1}R \ \text{且} \ Y := N^2.$$

由(6.2.11)知$p + 1 \mid X$. 显然$R \geqslant N + 1 > \mathcal{B} = \beta b^\delta \geqslant b > 0$, $X \geqslant \frac{p^2-1}{p-1}b \geqslant 3b$, 且

$$Y \geqslant N = p^2(\beta b^\delta)^{2(\delta+1)^{\nu+1}+2} \geqslant \max\{b, p^{4p}\}$$

(因为$\beta \geqslant p^p$). 因此(6.2.7)成立.

下面进一步假定$b \in p \uparrow$, 于是$\mathcal{B}, N \in p \uparrow$. 由于$2b \leqslant (\nu + 1)b = c$, 我们有$2\mathcal{C} \leqslant c\mathcal{B}^{(\delta+1)^\nu}$. 当$g \in [0, 2\mathcal{C})$时, 由$N_0$为$p$幂次及上两段可得

$$\tau_p(S, T) = 0 \iff \tau_p(g, M) = 0 \wedge \tau_p(J, (\mathcal{B} - p)\mathcal{B}^{(\delta+1)^{\nu+1}}) = 0,$$

且由定理6.1.1可得

$$\tau_p(S, T) = 0 \iff Y \mid \binom{pX}{X}.$$

根据引理6.2.1与(6.2.8), 有$z_1, \cdots, z_\nu \in [0, b)$使得

$$P(a, z_1, \cdots, z_\nu) = 0 \iff \tau_p\left(J', \left(\frac{\mathcal{B}}{p} - 1\right)\mathcal{B}^{(\delta+1)^{\nu+1}}\right) = 0$$
$$\iff \tau_p\left(pJ', (\mathcal{B} - p)\mathcal{B}^{(\delta+1)^{\nu+1}}\right) = 0,$$

这里

$$J' := \left(1 + a\mathcal{B} + \sum_{i=1}^{\nu} z_i\mathcal{B}^{(\delta+1)^i}\right)^\delta D(\mathcal{B}) + \frac{\mathcal{B}}{p}\sum_{i=0}^{(2\delta+1)(\delta+1)^\nu}\mathcal{B}^i.$$

如果$P(a, z_1, \cdots, z_\nu) = 0$且$z_1, \cdots, z_\nu \in [0, b)$, 则$\max\{z_1, \cdots, z_\nu\} > 0$(因为$P(a, 0, \cdots, 0)$是正数), 从而

$$b \leqslant \mathcal{B} \leqslant \sum_{i=1}^{\nu} z_i\mathcal{B}^{(\delta+1)^i} \leqslant \sum_{i=1}^{\nu}(b-1)\mathcal{B}^{(\delta+1)^i}$$
$$\leqslant (b-1)\mathcal{B}^{(\delta+1)^\nu} + (\mathcal{B} - 1)\sum_{j=0}^{(\delta+1)^\nu-1}\mathcal{B}^j < b\mathcal{B}^{(\delta+1)^\nu} = \mathcal{C}.$$

假设 $\mathcal{G} \in \{\mathcal{C}, 2\mathcal{C}\}$. 考虑到 $b \leqslant 2b \leqslant \mathcal{B}$, 由上及引理6.2.2我们有

$$g \in [0, \mathcal{G}) \wedge Y \mid \binom{pX}{X}$$

$$\Longleftrightarrow g \in [0, \mathcal{G}) \wedge \tau_p(g, M) = 0 \wedge \tau_p(J, (\mathcal{B} - p)\mathcal{B}^{(\delta+1)^{\nu+1}}) = 0$$

$$\Longleftrightarrow \exists z_1 \in [0, b) \cdots \exists z_\nu \in [0, b)\left(g = \sum_{i=1}^{\nu} z_i \mathcal{B}^{(\delta+1)^i} \wedge \tau_p(pJ', (\mathcal{B} - p)\mathcal{B}^{(\delta+1)^{\nu+1}}) = 0\right)$$

$$\Longleftrightarrow \exists z_1 \in [0, b) \cdots z_\nu \in [0, b)\left(g = \sum_{i=1}^{\nu} z_i \mathcal{B}^{(\delta+1)^i} \wedge P(a, z_1, \cdots, z_\nu) = 0\right).$$

综上, 定理6.2.2得证.

注记6.1. 在定理6.2.2证明中, 我们使用 $\mathcal{B}$ 与 $\mathcal{L}$ 来代替引理6.2.2与引理6.2.1的 B 与 L. 这是因为后面将把 B 与 L 另作他用.

§6.3 第二个辅助定理

现在给出本章所需的第二个辅助定理.

定理6.3.1 ([52]). 设 p 为素数, $b \in p\uparrow = \{p^n : n \in \mathbb{N}\}$ 且 $g \in \mathbb{Z}_+$. 又设 P, Q, X, Y 都是整数, $P > Q > 0$ 且 $X, Y \geqslant b$. 假定 $Y \mid \binom{PX}{QX}$, 则有整数 $h, k, l, w, x, y \geqslant b$ 使得

$$DFI \in \Box, \ (U^{2P}V^2 - 4)K^2 + 4 \in \Box, \ pA - p^2 - 1 \mid (p^2 - 1)WC - p(W^2 - 1),$$

$$bw = p^B \ \text{且} \ 16g^2(C - KL)^2 < K^2, \tag{6.3.1}$$

这里

$$L := lY, \ U := PLX, \ V := 4gwY, \ W := bw,$$

$$K := QX + 1 + k(U^PV - 2), \ A := U^Q(V + 1), \ B := PX + 1,$$

$$C := B + (A - 2)h, \ D := (A^2 - 4)C^2 + 4, \ E := C^2Dx,$$

$$F := 4(A^2 - 4)E^2 + 1, \ G := 1 + CDF - 2(A + 2)(A - 2)^2E^2,$$

$$H := C + BF + (2y - 1)CF, \ I := (G^2 - 1)H^2 + 1.$$

证明: 由于 $b \in p\uparrow$ 且

$$p^B \geqslant p^{PX} \geqslant (2^X)^P \geqslant X^2 \geqslant b^2 \geqslant b,$$

我们有 $w := \dfrac{p^B}{b} \in p\uparrow$, 而且

$$0 < b \leqslant w \leqslant W = bw = p^B = p^{PX+1}.$$

注意

$$b \leqslant Y \leqslant \binom{PX}{QX} \leqslant \sum_{i=0}^{PX} \binom{PX}{i} = 2^{PX},$$

而且

$$8gp^{PX} \leqslant 4gp^B = 4gwb \leqslant V = 4gwY \leqslant 4gWY \leqslant 4gp^{PX+1}2^{PX}.$$

对于

$$\rho := \frac{(V+1)^{PX}}{V^{QX}},$$

由二项式定理知

$$\rho = \frac{1}{V} \sum_{i=0}^{QX-1} \binom{PX}{i} \frac{1}{V^{QX-1-i}} + \binom{PX}{QX} + V \sum_{i=QX+1}^{PX} \binom{PX}{i} V^{i-QX-1}.$$

由于

$$0 \leqslant \frac{1}{V} \sum_{i=0}^{QX-1} \binom{PX}{i} \frac{1}{V^{QX-1-i}} < \frac{1}{V} \sum_{i=0}^{QX} \binom{PX}{i} \leqslant \frac{2^{PX}}{V} \leqslant \frac{1}{8g} < 1,$$

我们得到

$$\{\rho\} < \frac{1}{8g} \ \text{与} \ \lfloor \rho \rfloor = \binom{PX}{QX} + V \sum_{i=QX+1}^{PX} \binom{PX}{i} V^{i-QX-1} \geqslant V,$$

其中$\{\rho\}$为ρ的小数部分. 因Y整除$\binom{PX}{QX}$与V, 我们有

$$l := \frac{\lfloor \rho \rfloor}{Y} \in \mathbb{Z}.$$

注意

$$(V+1)^{PX} \geqslant \rho \geqslant l = \frac{\lfloor \rho \rfloor}{Y} \geqslant \frac{V}{Y} = 4gw \geqslant w \geqslant b$$

而且

$$0 < U = PLX = \lfloor \rho \rfloor PX \leqslant \rho PX \leqslant PX(V+1)^{PX}.$$

因$A = U^Q(V+1) \geqslant V+1 > 2$, 由定理1.3.2知对任何$m \in \mathbb{N}$有$u_{m+1}(A,1) > u_m(A,1)$. 显然$B = PX + 1 \geqslant 2X + 1 \geqslant 3$, 于是由定理1.3.2知

$$u_B(A,1) \geqslant u_3(A,1) + (B-3) = A^2 - 1 + B - 3 = B + (A-2)(A+2).$$

显然

$$u_B(A,1) \equiv u_B(2,1) = B \ (\mathrm{mod}\ A-2),$$

于是有整数$h \geqslant A+2$使得$C = B + (A-2)h = u_B(A,1)$. 显然$A+2 \geqslant V \geqslant w \geqslant b$, 从而$h \geqslant b$. 由于$A > 1$且$B > 0$, 根据定理2.5.4有整数$x, y \geqslant b$使得$DFI \in \square$.

考虑到

$$u_{QX+1}(U^P V, 1) \equiv u_{QX+1}(2,1) = QX + 1 \pmod{U^P V - 2},$$

有$k \in \mathbb{Z}$使得

$$K = QX + 1 + k(U^P V - 2) = u_{QX+1}(U^P V, 1),$$

从而$(U^{2P} V^2 - 4)K^2 + 4 = v_{QX+1}(U^P V, 1)^2 \in \square$.

注意$U = PLX \geqslant 2L = 2\lfloor \rho \rfloor \geqslant 2V$, 从而

$$U^P V - 2 \geqslant 2V - 2 \geqslant V \geqslant w \geqslant b > 0.$$

如果$QX = 1$, 则因$X \geqslant b > 0$而有$b = 1$, 于是

$$U^P V = u_{QX+1}(U^P V, 1) = QX + 1 + k(U^P V - 2) = 2 + k(U^P V - 2),$$

从而$k = 1 = b$. 当$QX > 1$时,

$$\begin{aligned}
K = u_{QX+1}(U^P V, 1) &\geqslant (U^P V - 1)^{QX} = (1 + (U^P V - 2))^{QX} \\
&\geqslant 1 + QX(U^P V - 2) + (U^P V - 2)^{QX} \\
&\geqslant 1 + QX + (U^P V - 2)^2 \geqslant 1 + QX + b(U^P V - 2),
\end{aligned}$$

从而$k \geqslant b$.

根据引理2.6.1,

$$\begin{aligned}
(p^2 - 1)WC &= p(p^2 - 1)p^{B-1} u_B(A,1) \\
&\equiv p(p^{2B} - 1) = p(W^2 - 1) \pmod{pA - p^2 - 1}.
\end{aligned}$$

注意$K \geqslant k \geqslant b > 0$, 而且

$$\min(A, U^P V) = \min(U^Q(V+1), U^P V) \geqslant U = PLX = \lfloor \rho \rfloor PX \geqslant VPX \geqslant 2QX.$$

我们还有

$$\rho\left(1-\frac{PX}{U^Q(V+1)}\right) \leqslant \rho\left(1-\frac{1}{U^Q(V+1)}\right)^{PX} = \frac{(U^Q(V+1)-1)^{PX}}{(U^PV)^{QX}}$$

$$\leqslant \frac{C}{K} = \frac{u_{PX+1}(A,1)}{u_{QX+1}(U^PV,1)}$$

$$\leqslant \frac{(U^Q(V+1))^{PX}}{(U^PV-1)^{QX}} = \rho\left(1-\frac{1}{U^PV}\right)^{-QX}$$

$$\leqslant \rho\left(1-\frac{QX}{U^PV}\right)^{-1} \leqslant \rho\left(1+\frac{2QX}{U^PV}\right).$$

因此

$$-\rho\frac{PX}{U^Q(V+1)} \leqslant \frac{C}{K} - \rho \leqslant \rho\frac{2QX}{U^PV}, \tag{6.3.2}$$

考虑到 $\frac{V}{4g} = wY \geqslant wb = p^B \geqslant 2^{2X+1} \geqslant 8$, 我们有

$$\left|\frac{C}{K} - \rho\right| \leqslant \frac{2PX}{UV}\rho = \frac{2\rho}{LV} = \frac{\rho}{\lfloor\rho\rfloor} \times \frac{2}{V} \leqslant \frac{4}{V} \leqslant \frac{1}{8g}.$$

于是

$$\left|\frac{C}{K} - L\right| = \left|\frac{C}{K} - \lfloor\rho\rfloor\right| \leqslant \left|\frac{C}{K} - \rho\right| + |\rho - \lfloor\rho\rfloor| < \frac{1}{8g} + \frac{1}{8g} = \frac{1}{4g},$$

从而$16g^2(C-KL)^2 < K^2$.

综上, 定理6.3.1获证.

§6.4　第三个辅助定理

现在给出本章所需的第三个辅助定理.

定理6.4.1 ([52]). 设p为素数, $b \in \mathbb{N}$且$g \in \mathbb{Z}_+$. 又设P, Q, X, Y为整数, 而且

$$P > Q > 0, \ X \geqslant 3b \ \text{且} \ Y \geqslant \max\{b, p^{4P}\}.$$

假定有整数h, k, l, w, x, y使得$lx \neq 0$,

$$DFI \in \square, \ (U^{2P}V^2-4)K^2+4 \in \square, \ pA-p^2-1 \mid (p^2-1)WC-p(W^2-1),$$

而且$4(C - KL)^2 < K^2$, 这里

$$L := lY, \ U := PLX, \ V := 4gwY, \ W := bw,$$

$$K := QX + 1 + k(U^P V - 2), \ A := U^Q(V + 1), \ B := PX + 1,$$

$$C := B + (A - 2)h, \ D := (A^2 - 4)C^2 + 4, \ E := C^2 Dx,$$

$$F := 4(A^2 - 4)E^2 + 1, \ G := 1 + CDF - 2(A + 2)(A - 2)^2 E^2,$$

$$H := C + BF + (2y - 1)CF, \ I := (G^2 - 1)H^2 + 1.$$

则

$$b \in p \uparrow \ 且 \ Y \mid \binom{PX}{QX}. \tag{6.4.1}$$

证明: 假设$W = 0$, 则$pA - p^2 - 1$整除$(p^2 - 1)WC - p(W^2 - 1) = p$. 由于$p$为素数且$pA - p^2 - 1$与$p$互素, 必定$pA - p^2 - 1 \in \{\pm 1\}$. 因此$A = p$或者$A = p + 1 = 3$. 由于$PLX = U \neq 0$且$X \geqslant b \geqslant 0$, 我们有$U^Q(V + 1) = A \geqslant 2$且$X \geqslant 1$. 于是$|U| = P|L|X \geqslant 2YX \geqslant 2Y \geqslant 2p > A$, 这导致矛盾(注意$V + 1 \equiv 1 \pmod 4$).

由上, $bw = W \neq 0$. 于是$X \geqslant 3b \geqslant 3$且$PX \geqslant 2 \times 3b \geqslant 6$. 显然$Y \geqslant p^4 \geqslant 4$,

$$|A| = |U^Q(V + 1)| \geqslant |U| = PX|L| \geqslant PXY \geqslant 4PX > 2PX + 4,$$

从而

$$\frac{|A|}{2} - 1 > B = PX + 1 > 1.$$

因$x \neq 0, DFI \in \square$且$A - 2 \mid C - B$, 应用定理2.5.6知$C = u_B(A, 1)$.

考虑到$V = 4gwY \neq 0$且$|U^P V| - 1 \geqslant 2|V| - 1 \geqslant |V| + 1 \geqslant |V + 1|$, 我们有

$$|C| = u_B(|A|, 1) \leqslant |A|^{B-1} = |U^Q(V + 1)|^{PX} \leqslant |U^P|^{QX}(|U^P V| - 1)^{PX}.$$

由于$(U^{2P} V^2 - 4)K^2 + 4 \in \square$, 有整数$R$使得$K = u_R(U^P V, 1)$. 注意$(P - Q)X \geqslant X > 2$,

$$|U^P V| \geqslant |U| \geqslant PXY \geqslant 3PX > PX + 2QX + 4 > 2,$$

而且

$$QX + 1 \equiv K = u_R(U^P V, 1) \equiv u_R(2, 1) = R \pmod{U^P V - 2}.$$

写$R = QX + 1 + r(U^P V - 2)$, 这里$r \in \mathbb{Z}$. 假如$r \neq 0$, 则

$$|R| \geqslant |r| \times |U^P V - 2| - |QX + 1| \geqslant |U^P V| - 2 - (QX + 1) > PX + QX,$$

从而

$$|K| = |u_R(U^PV, 1)| = u_{|R|}(|U^PV|, 1)$$
$$\geqslant (|U^PV| - 1)^{|R|-1} \geqslant (|U^PV| - 1)^{PX+QX}.$$

考虑到 $|U^PV| \geqslant 4|U^P| > 2|U^P| + 1$，我们得到

$$\left|\frac{C}{K}\right| \leqslant \left(\frac{|U^P|}{|U^PV| - 1}\right)^{QX} < \left(\frac{1}{2}\right)^{QX} \leqslant \frac{1}{2}.$$

因此

$$|L| \leqslant \left|L - \frac{C}{K}\right| + \left|\frac{C}{K}\right| < \frac{1}{2} + \frac{1}{2} = 1,$$

这与 $L = lY \neq 0$ 矛盾.

依上一段知 $R = QX + 1$，从而 $K = u_{QX+1}(U^PV, 1)$. 考虑到

$$\min(|A|, |U^PV|) \geqslant |U| \geqslant 4PX \geqslant 4QX \tag{6.4.2}$$

且

$$\left|\frac{C}{K}\right| = \frac{u_{PX+1}(|A|, 1)}{u_{QX+1}(|U^PV|, 1)},$$

我们有下述类似于(6.3.2)的不等式:

$$-|\rho|\frac{PX}{|U^Q(V+1)|} \leqslant \left|\frac{C}{K}\right| - |\rho| \leqslant |\rho|\frac{2QX}{|U^PV|}, \tag{6.4.3}$$

这里

$$\rho = \frac{(V+1)^{PX}}{V^{QX}}.$$

利用(6.4.2)与(6.4.3)，我们得到

$$\left|\frac{C}{K}\right| \geqslant \frac{|\rho|}{2}. \tag{6.4.4}$$

注意 $|V| \geqslant 4Y \geqslant 4p^{4P} \geqslant 4P > 4Q$. 于是

$$\frac{|V+1|^{Q+1}}{|V|^Q} \geqslant \frac{(|V|-1)^{Q+1}}{|V|^Q} = (|V|-1)\left(1 - \frac{1}{|V|}\right)^Q$$
$$\geqslant (|V|-1)\left(1 - \frac{Q}{|V|}\right) \geqslant (|V|-1)\left(1 - \frac{1}{4}\right) \geqslant \frac{|V|-1}{2},$$

而且

$$|\rho| \geqslant \left(\frac{|V+1|^{Q+1}}{|V|^Q}\right)^X \geqslant \left(\frac{|V|-1}{2}\right)^X \geqslant \left(\frac{4Q}{2}\right)^X \geqslant 2^X \geqslant 2.$$

根据上面推理,

$$|L| > \left|\frac{C}{K}\right| - \frac{1}{2} \geq \frac{|\rho|}{2} - \frac{1}{2} \geq \frac{|\rho|}{4} \geq \frac{1}{4}\left(\frac{|V|-1}{2}\right)^X,$$

从而

$$|A| \geq |U(V+1)| \geq PX|L|(|V|-1) \geq \frac{PX}{2}\left(\frac{|V|-1}{2}\right)^{X+1} \geq \left(\frac{|V|-1}{2}\right)^{X+1}.$$

因$|V| - 1 \geq 4Y - 1 \geq 2Y$, 我们有

$$|A| \geq Y^{X+1} \geq (p^{4P})^{X+1} \geq p^{4(PX+1)} = p^{4B}.$$

由于

$$\frac{|V|-1}{2} = 2|gwY| - \frac{1}{2} \geq |gwY| \geq |wb| = |W|$$

而且$X \geq 3b \geq 3$, 我们有$|A| \geq |W|^{X+1} \geq W^4$. 因$C = u_B(A,1)$且

$$(p^2-1)WC \equiv p(W^2-1) \pmod{pA - p^2 - 1},$$

应用定理2.6.2得到$W = p^B$, 从而$bw = p^{PX+1}$. 因$b > 0$, 必定$b, w \in p\uparrow$.

由于

$$V = 4gwY \geq 4gwb = 4gW \geq 4W = 4p^{PX+1} \geq 8 \times 2^{PX},$$

我们有

$$0 \leq \frac{1}{V}\sum_{i=0}^{QX-1}\frac{\binom{PX}{i}}{V^{QX-1-i}} < \frac{1}{V}\sum_{i=0}^{PX}\binom{PX}{i} = \frac{2^{PX}}{V} \leq \frac{1}{8}.$$

因此

$$\{\rho\} < \frac{1}{8} \text{ and } \lfloor\rho\rfloor = \binom{PX}{QX} + V\sum_{i=QX+1}^{PX}\binom{PX}{i}V^{i-QX-1}.$$

而Y整除L与V, 故只要$\lfloor\rho\rfloor = L$便有$Y \mid \binom{PX}{QX}$. 如果$|\frac{C}{K} - \rho| < \frac{1}{4}$, 则

$$|\lfloor\rho\rfloor - L| \leq |\lfloor\rho\rfloor - \rho| + \left|\rho - \frac{C}{K}\right| + \left|\frac{C}{K} - L\right| < \frac{1}{8} + \frac{1}{4} + \frac{1}{2} < 1.$$

因此只需再证$|\frac{C}{K} - \rho| < \frac{1}{4}$.

注意

$$(-A)^{PX}u_{PX+1}(-A,1) = A^{PX}(-1)^{PX}u_{PX+1}(-A,1) = A^{PX}u_{PX+1}(A,1)$$

且$|A| = |U^Q(V+1)| \geqslant V > 2$, 故有

$$A^{PX}C = A^{PX}u_{PX+1}(A,1) = |A|^{PX}u_{PX+1}(|A|,1) > 0.$$

类似地,

$$(U^PV)^{QX}K = (U^PV)^{QX}u_{QX+1}(U^PV,1) > 0.$$

既然

$$A^{PX}(U^PV)^{QX} = U^{2PQX}(V+1)^{PX}V^{QX} > 0,$$

必定$CK > 0$. 于是我们最后得到

$$\left|\frac{C}{K} - \rho\right| \leqslant \rho\frac{2PX}{|U|V} = \frac{\rho}{|L|} \times \frac{2}{V} < \frac{8}{V} \leqslant \frac{1}{2^{PX}} \leqslant \frac{1}{4}.$$

这便结束了定理6.4.1的证明.

§6.5　加强的9未知数定理

引理6.5.1 ([52]). 任给$m \in \mathbb{Z}$, 我们有

$$m \geqslant 0 \iff \exists x \neq 0\,[(3m-1)x^2 + 1 \in \square]. \tag{6.5.1}$$

证明: 显然$(3 \times 0 - 1)1^2 + 1 \in \square$.

如果$m < 0$且$x \in \mathbb{Z} \setminus \{0\}$, 则$(3m-1)x^2 + 1 \leqslant -4 + 1 < 0$.

假如$m > 0$, 则$3m - 1 > 0$且$3m - 1 \notin \square$ (注意平方数模3余0或1). 应用定理2.3.1知方程$y^2 - (3m-1)x^2 = 1$有无穷多组整数解, 从而有非零整数x使得$(3m-1)x^2 + 1 \in \square$.

综上, 引理6.5.1证毕.

定理6.5.1 (加强的9未知数定理, 孙智伟[52]). 设$\mathcal{A} \subseteq \mathbb{N}$为递归可枚举集, 则有多项式整系数$P_{\mathcal{A}}(z_0, z_1, \cdots, z_9)$使得对任何$a \in \mathbb{N}$有

$$\exists z_1 \cdots \exists z_8 \exists z_9 \geqslant 0\,[P_{\mathcal{A}}(a, z_1, \cdots, z_9) = 0] \implies a \in \mathcal{A}, \tag{6.5.2}$$

而且

$$a \in \mathcal{A} \implies \forall Z > 0 \exists z_1 \geqslant Z \cdots \exists z_9 \geqslant Z\,[P_{\mathcal{A}}(a, z_1, \cdots, z_9) = 0]. \tag{6.5.3}$$

在此定理条件下, $a \in \mathcal{A}$当且仅当

$$\exists z_1 \geqslant 0 \cdots \exists z_8 \geqslant 0 \exists z_9 \geqslant 0\left[\prod_{\varepsilon_1, \cdots, \varepsilon_8 \in \{\pm 1\}} P_{\mathcal{A}}(a, \varepsilon_1 z_1, \cdots, \varepsilon_8 z_8, z_9) = 0\right].$$

因此这个加强的9未知数定理蕴含着Matiyasevich的9未知数定理.

定理6.5.1的证明: 根据Matiyasevich定理(即定理4.4.2), $\mathcal{A}$为 Diophantus 集. 任取一个素数p, 依定理6.2.2(第一个辅助定理)有

$$a \in \mathcal{A} \Rightarrow \forall Z > 0 \exists f \geqslant Z \exists g \in [b, \mathcal{C}) \left(b \in \square \wedge b \in p \uparrow \wedge Y \mid \binom{pX}{X} \right),$$

$$\exists f \neq 0 \exists g \in [0, 2\mathcal{C}) \left(b \in \square \wedge b \in p \uparrow \wedge Y \mid \binom{pX}{X} \right) \Rightarrow a \in \mathcal{A},$$

其中$b, \mathcal{C}$与$X, Y \in \mathbb{Z}[a, f, g]$如同定理6.2.2中那样.

令$P = p, Q = 1$, 并采纳先前的下述记号:

$$L := lY, \ U := PLX, \ V := 4gwY, \ W := bw,$$
$$K := QX + 1 + k(U^P V - 2), \ A := U^Q(V + 1), \ B := PX + 1,$$
$$C := B + (A - 2)h, \ D := (A^2 - 4)C^2 + 4, \ E := C^2 Dx,$$
$$F := 4(A^2 - 4)E^2 + 1, \ G := 1 + CDF - 2(A + 2)(A - 2)^2 E^2,$$
$$H := C + BF + (2y - 1)CF, \ I := (G^2 - 1)H^2 + 1.$$

(i) 假设$a \in \mathcal{A}$. 任给$Z \in \mathbb{Z}_+$, 我们可取整数$f \geqslant Z$使得$b = 1 + (p^2 - 1)(ap + 1)f \in \square$而且$b \in p\uparrow$, 再取$g \in [b, \mathcal{C})$使得$Y$整除$\binom{PX}{QX} = \binom{pX}{X}$. 注意

$$0 < f \leqslant b \leqslant g < \mathcal{C} < 2\mathcal{C}.$$

由于

$$p + 1 \mid X, \ X \geqslant 3b \text{ 且 } Y \geqslant \max\{b, p^{4p}\},$$

依定理6.3.1(第二个辅助定理)有整数$h, k, l, w, x, y \geqslant b$使得

$$DFI \in \square, \ (U^{2P}V^2 - 4)K^2 + 4 \in \square, \ pA - p^2 - 1 \mid (p^2 - 1)WC - p(W^2 - 1),$$

$$bw = p^B \text{ and } 16g^2(C - KL)^2 < K^2.$$

因此

$$4(C - KL)^2 + \frac{g^2 K^2}{8\mathcal{C}^3} < \frac{K^2}{4g^2} + \frac{K^2}{8g} \leqslant \frac{K^2}{g},$$

从而

$$O := f^2 l^2 x^2 (8\mathcal{C}^3 g K^2 - g^2(32(C - KL)^2 \mathcal{C}^3 + g^2 K^2)) > 0.$$

注意$g,h,k,l,w,x,y \geqslant b \geqslant f \geqslant Z$. 根据Matiyasevich-Robinson关系组合定理(即定理5.1.2), 有整数$m \geqslant b \geqslant f \geqslant Z$使得

$$P_{\mathcal{A}}(a,f,g,h,k,l,w,x,y,m) = 0,$$

这里

$$
\begin{aligned}
&P_{\mathcal{A}}(a,f,g,h,k,l,w,x,y,m) \\
=&M_3(b, DFI, (U^{2P}V^2 - 4)K^2 + 4, \\
&pA - p^2 - 1, (p^2 - 1)WC - p(W^2 - 1), O, m).
\end{aligned}
\tag{6.5.4}
$$

显然$P_{\mathcal{A}}(z_0, z_1, \cdots, z_9) \in \mathbb{Z}[z_0, z_1, \cdots, z_9]$.

(ii) 设$a \in \mathbb{N}$, 且有整数$m \geqslant 0$与f,g,h,k,l,w,x,y使得

$$P_{\mathcal{A}}(a,f,g,h,k,l,w,x,y,m) = 0.$$

根据Matiyasevich-Robinson关系组合定理(即定理5.1.2),

$$DFI \in \square, \ (U^{2P}V^2 - 4)K^2 + 4 \in \square, \ pA - p^2 - 1 \mid (p^2 - 1)WC - p(W^2 - 1),$$

还有$b \in \square$与$O > 0$. 由于

$$O = f^2 l^2 x^2 (8\mathcal{C}^3 g K^2 - g^2(32(C - KL)^2 \mathcal{C}^3 + g^2 K^2)) > 0,$$

必定$fglx \neq 0$. 因$b \geqslant 0$且$f \neq 0$, 我们有$b > 0$, 从而$\mathcal{C} > 0$. 由$O > 0$知

$$\frac{K^2}{g} > 4(C - KL)^2 + \frac{g^2 K^2}{8\mathcal{C}^3} \geqslant \frac{g^2 K^2}{8\mathcal{C}^3} \geqslant 0.$$

因此$K \neq 0$且$0 < g < 2\mathcal{C}$.

注意

$$p + 1 \mid X, \ X \geqslant 3b, \ Y \geqslant \max\{b, p^{4p}\}, \ 4(C - KL)^2 < K^2.$$

根据定理6.4.1(第三个辅助定理)$b \in p \uparrow$而且

$$\binom{pX}{X} = \binom{PX}{QX} \equiv 0 \ (\text{mod } Y).$$

再利用定理6.2.2便得$a \in \mathcal{A}$.

综上, 定理6.5.1得证.

§6.6　11未知数定理及其应用

由于$n \in \mathbb{N}$当且仅当有整数x, y, z使得$n = x^2 + y^2 + z^2 + z$(参见引理5.2.1), 加强的9未知数定理蕴含着下述重要结论.

定理6.6.1 (11未知数定理, 孙智伟 [52]). 任给递归可枚举集$\mathcal{A} \subseteq \mathbb{N}$, 有多项式

$$Q_{\mathcal{A}}(z_0, \cdots, z_{11}) \in \mathbb{Z}[z_0, \cdots, z_{11}]$$

使得对任何$a \in \mathbb{N}$有

$$a \in \mathcal{A} \iff \exists z_1 \cdots \exists z_{11}[Q_{\mathcal{A}}(a, z_1, \cdots, z_{11}) = 0].$$

因此没有算法可对任何$P(z_1, \cdots, z_{11}) \in \mathbb{Z}[z_1, \cdots, z_{11}]$判定方程

$$P(z_1, \cdots, z_{11}) = 0$$

是否有整数解.

引理6.6.1. (i) 我们有

$$\{\delta + x^2 - y^2 : \delta \in \{0, 1\}, \ x, y \in \mathbb{Z}\} = \mathbb{Z}.$$

(ii) 任何正奇数可表示成$x^2 + y^2 + 2z^2$, 这里$x, y, z \in \mathbb{Z}$.

证明: 第二条是已知的结论, 参见L. E. Dickson [10]. 下证第一条.

如果$m \in \mathbb{Z}$是奇数, 则

$$m = \left(\frac{m+1}{2}\right)^2 - \left(\frac{m-1}{2}\right)^2 \in \{x^2 - y^2 : x, y \in \mathbb{Z}\}.$$

当m为偶数时, $m - 1$为奇数, 从而$m \in \{1 + x^2 - y^2 : x, y \in \mathbb{Z}\}$.

综上, 引理6.6.1证毕.

定理6.6.2 (孙智伟 [52]). 任给递归可枚举集$\mathcal{A} \subseteq \mathbb{N}$, 有整系数多项式

$$P_4(z_0, z_1, \cdots, z_{17})$$

使得对任何$a \in \mathbb{N}$有

$$a \in \mathcal{A} \iff \exists z_1 \in \square \cdots \exists z_{17} \in \square \ [P_4(a, z_1, \cdots, z_{17}) = 0]. \tag{6.6.1}$$

证明: 设p为素数, 令$P = p, Q = 1$. 由(6.5.4)给出的$P_{\mathcal{A}}(a, f, g, h, k, l, w, x, y, m)$可写成

$$Q_p(a, f, g, h, k, l, w, x^2, y, m),$$

这里$Q_p(z_0, \cdots, z_9) \in \mathbb{Z}[z_0, \cdots, z_9]$. (注意$F, G, H, H$涉及$E^2 = C^4 D^2 x^2$.) 如果$b \in \square$, $w \in \mathbb{Z}, bw = p^{pX+1}$且$p + 1 \mid X$, 则

$$b\frac{w}{p} = p^{pX} = \left(p^{pX/2}\right)^2 \in \square,$$

从而有$s \in \square \cap p \uparrow$使得$w = ps$. 根据定理6.2.2中(6.2.7)以及定理6.3.1中(6.3.1), 对定理6.5.1(i)的证明稍作修改可得

$$a \in \mathcal{A} \iff \exists f, g, h, k, l, m, s, x, y\, [m \geqslant 0 \wedge s \in \square \wedge Q_p(a, f, g, h, k, l, ps, x^2, y, m) = 0].$$
$$(6.6.2)$$

当$a \in \mathcal{A}$时, 根据定理6.5.1(i)与上述论证, 有$f, g, h, k, l, s, x, y \in \mathbb{Z}$使得$s \in \square \cap p \uparrow$, 并且

$$b \in p\uparrow, \ b > 1, \ b \in \square, \ DFI \in \square, \ (U^{2p}V^2 - 4)K^2 + 4 \in \square,$$
$$pA - p^2 - 1 \mid (p^2 - 1)WC - p(W^2 - 1), \ O > 0$$

其中$w = ps$. 由于$U = pXL$被$p(p+1)$整除, 诸$U, A, D, (U^{2p}V^2 - 4)K^2 + 4$都是偶数.

现在取$p = 2$, 则$2 \mid b, 2 \nmid pA - p^2 - 1$, 而且

$$X_0 = 1 + b^2 + (DFI)^2 + ((U^{2p}V^2 - 4)K^2 + 4)^2 \equiv 1 \pmod{2}.$$

根据定理5.1.2的证明, 有$m \in \mathbb{N}$使得

$$Q_p(a, f, g, h, k, l, ps, x^2, y, m) = 0$$

并且

$$m \equiv (2O - 1)(((p^2 - 1)WC - p(W^2 - 1))^2 + 1) - ((p^2 - 1)WC - p(W^2 - 1))^2$$
$$\equiv 1 \pmod{2}.$$

由上及引理6.6.1, 我们得到

$$a \in \mathcal{A} \iff 存在 f, g, h, k, l, s, x, y, m, u, v \in \mathbb{Z} 使得 s, x, m, u, v \in \square 并且$$
$$Q_p(a, f, g, h, k, l, ps, x, y, m + u + 2v) = 0$$
$$\iff 有 f_1, f_2, g_1, g_2, h_1, h_2, k_1, k_2, l_1, l_2, s, x, y_1, y_2, m, u, v \in \square 使得$$
$$\prod_{\delta_1, \cdots, \delta_6 \in \{0,1\}} Q_p(a, \delta_1 + f_1 - f_2, \delta_2 + g_1 - g_2, \delta_3 + h_1 - h_2,$$
$$\delta_4 + k_1 - k_2, \delta_5 + l_1 - l_2, ps, x, \delta_6 + y_1 - y_2, m + u + 2v) = 0.$$

定理6.6.2证毕.

由于存在非递归的递归可枚举集, 定理6.6.2有下述推论.

推论6.6.1 (孙智伟 [52]). *没有算法可用来对任何的$P(x_1, \cdots, x_{17}) \in \mathbb{Z}[x_1, \cdots, x_{17}]$判定方程*

$$P(z_1^2, \cdots, z_{17}^2) = 0$$

是否有整数解.

J. Richter-Gebert与U. Kortenkamp[33] 在2002年把作者早在1992年就宣布的11未知数定理应用到动力几何上.

几何直线程序(GSP)涉及在直角坐标系中的四个基本点$(0,0), (1,0), (0,1), (1,1)$以及下述四种基本操作.

连线(J–Join): 画过不同两点的直线.

求交点(M–Meet): 找出两条不平行直线的交点.

作角平分线(B–Bisect): 对两条交于原点O的直线形成的夹角, 作其角平分线.

作辐角(W–Wheel): 对点$P = (x, y) \neq (0, 0)$, 找出对应复数$x + yi$的辐角θ.

定理6.6.3 ([33]). *没有算法可判定对于具有至少11个作辐角(W)与两个作角平分线(B)操作的几何直线程序P以及两点A与B, 是否可实施程序P中基本操作使得可从A达到B.*

程序涉及语言SRL(不详细介绍了)有个显著的特点: 处理输入为整数的有序n元组的程序给出的输出也是整数的有序n元组, 由输入到输出的映射是$\mathbb{Z}^n$的双射, 而且其逆映射可自动生成.

A.B. Matos, L. Paolini与L. Roversi[24] 在2020年应用作者的11未知数定理获得如下结果.

定理6.6.4 ([24]). *没有算法可判定对任给的SRL程序P, 是否有个有序12元整数组使之作为输入并执行程序P之后输出仍是这个有序12元整数组.*

Gauss整数环$\mathbb{Z}[i]$由形如$a + bi$ $(a, b \in \mathbb{Z})$的复数构成. 利用11未知数定理的一个加强形式, Y. Matiyasevich与作者证明了下述定量结果.

定理6.6.5 ([23]). *没有算法可判定对任给的多项式$P(z_1, \cdots, z_{52}) \in \mathbb{Z}[z_1, \cdots, z_{52}]$, 方程*

$$P(z_1, \cdots, z_{52}) = 0$$

在$\mathbb{Z}[i]$上是否有解.

对于数域(有理数域的有限次扩域)K, 让 O_K 表示 K 中代数整数构成的环. 类似于 $\mathbb{Z}$ 上的 Hilbert 第十问题, O_K 上的 Hilbert 第十问题要求找个算法来判定对任给的

$$P(x_1, \cdots, x_n) \in O_K[x_1, \cdots, x_n]$$

方程 $P(x_1, \cdots, x_n) = 0$ 是否在 O_K 上有解. 这方面有许多研究, 例如: J. Denef[8] 在 1975 年证明了对于二次数域 K 环 O_K 上 Hilbert 第十问题不可判定. H. N. Shapiro 与 A. Shlapentokh[38] 证明了 K 是 Abel 数域(等价于分圆域的子域)时 O_K 上 Hilbert 第十问题不可判定. 关于这方面更多的研究成果, 读者可参看 Denef[9], T. Pheidas [29]以及 A. Shlapentokh [37].

参 考 文 献

[1] BESICOVICH A S. On the linear independence of fractional powers of integers. J. London Math. Soc., 1940, 15: 3–6.

[2] BUGEAUD Y, MIGNOTTE M, SIKSEK, S. Classical and modular approaches to exponential Diophantine equations. I. Fibonacci and Lucas perfect powers, Ann. of Math., 2006, 163: 969–1018.

[3] CUTLAND N. Computability. Cambridge: Cambridge Univ. Press, 1980.

[4] DAANS N. Universally defining finite generated subrings of global fields. Doc. Math., 2021, 26: 1851–1869.

[5] DAANS N, DITTMANN P, FEHM A. Existential rank and essential dimension of Diophantine sets. Preprint, arXiv:2102.06941, 2021.

[6] DAVIS M. Hilbert's tenth problem is unsolvable. Amer. Math. Monthly, 1973, 80: 233–269.

[7] DAVIS M, PUTNAM H, ROBINSON J. The decision problem for exponential diophantine equations. Ann. of Math., 1961, 74(2): 425–436.

[8] DENEF J. Hilbert's Tenth Problem for quadratic rings. Proc. Amer. Math. Soc., 1975, 48: 214–220.

[9] DENEF J. Diophantine sets of algebraic integers, II. Trans. Amer. Math. Soc., 1980, 257: 227–236.

[10] DICKSON L E. Modern Elementary Theory of Numbers. Univ. of Chicago Press, Chicago, 1939.

[11] DUBUQUE B. Answer to Question 30687 at Mathematics Stack Exchange, 2011. https://math.stackexchange.com/questions/30687.

[12] FLATH D, WAGON S. How to pick out the integers in the rationals: an application of number theory to logic? Amer. Math. Monthly, 1991, 98: 812–823.

[13] GRIMALDI, R P. Fibonacci and Catalan Numbers: An Introduction. John Wiley & Sons: Hoboken, 2012.

[14] HOU Q H, SUN Z. W, WEN H. M. On monotonicity of some combinatorial sequences. Publ. Math. Debrecen, 2014, 85: 285–295.

[15] JONES J P. Classification of quantifier prefixes over Diophantine equations. Z. Math. Logik Grundlag. Math., 1981, 27: 403–410.

[16] JONES J P. Universal Diophantine equation. J. Symbolic Logic, 1982, 47: 549–571.

[17] KLEENE S C. A note on recursive functions. Bull. Amer. Math. Soc., 1936, 42: 544–546.

[18] KOENIGSMANN J. Defining $\mathbb{Z}$ in $\mathbb{Q}$. Annals of Math., 2016, 183: 73–93.

[19] MACHIAVELO A, TSOPANIDIS N. Zhi-Wei Sun's 1-3-5 conjecture and variations. J. Number Theory, 2021, 222: 1–20.

[20] MATIYASEVICH Y. Enumerable sets are diophantine. Dokl. Akad. Nauk SSSR, 1970, 191: 279–282; English translation with addendum, Soviet Math. Doklady, 1970, 11: 354–357.

[21] MATIYASEVICH Y. Hilbert's Tenth Problem. Cambridge, Massachusetts: MIT Press, 1993.

[22] MATIYASEVICH Y, ROBINSON J. Reduction of an arbitrary diophantine equation to one in 13 unknowns. Acta Arith., 1975, 27: 521–553.

[23] MATIYASEVICH Y, SUN Z W. On Diophantine equations over $\mathbb{Z}[i]$ with 52 unknowns. Proc. of the 2019 Asian Logic Conf., World Sci., to appear. See also arXiv:2002.12136.

[24] MATOS A B, PAOLINI L, ROVERSI L. The fixed point problem of a simple reversible language, Theoret. Comput. Sci., 2020, 813: 143–154.

[25] MIHĂILESCU P. Primary cyclotomic units and a proof of Catalan's conjecture. J. Reine Angew Math., 2004, 572: 167–195.

[26] NATHANSON M B. Additive Number Theory: The Classical Bases. Grad. Texts in Math., vol. 164, New York: Springer, 1996.

[27] PAN H, SUN Z W. Proof of three conjectures on congruences. Sci. China Math., 2014, 57: 2091–2102.

[28] PETER, R. Recursive Functions. The 3rd Edition. Akadémiai Kiadó: Budapest, 1967.

[29] PHEIDAS T. Hilbert's Tenth Problem for a class of rings of algebraic integers. Proc. Amer. Math. Soc., 1988, 104: 611–620.

[30] POONEN B. Characterizing integers among rational numbers with a universal-existential formula. Amer. J. Math., 2009, 131: 675–682.

[31] PRUNESCU M. The exponential diophantine problem for $\mathbb{Q}$. J. Symbolic Logic 2020, 85: 671–672.

[32] PUTNAM H. An unsolvable problem in number theory. J. Symbolic Logic., 1960, 25: 220–232.

[33] RICHTER-GEBERT J, KORTENKAMP U. Complexity issues in dynamic geometry. Foundations of Computational Mathematics, World Sci., 2002.

[34] ROBINSON J. Definability and decision problems in arithmetic. J. Symbolic Logic, 1949, 14: 98–114.

[35] ROBINSON J. General recursive functions. Proc. Amer. Math. Soc., 1950, 1: 703–718.

[36] ROBINSON J. Existential definability in arithmetic. Trans. Amer. Math. Soc., 1952, 72: 437–449.

[37] SHLAPENTOKH A. Hilbert's Tenth Problem: Diophantine Classes and Extensions to Global Fields. New Mathematical Monographs, Vol. 7, Cambridge: Cambridge Univ. Press, 2007.

[38] SHAPIRO H N, SHLAPENTOKH A. Diophantine relationships between algebraic number fields. Comm. Pure Appl. Math., 1989, 42: 1113–1122.

[39] SIEGEL C L. Zur Theorie der quadratischen Formen. Nachrichten der Akademie der Wissenschaften in Göttingen. II. Mathematisch-Physikalische Klasse, 1972, 3: 21–46.

[40] SUN Z H, SUN Z W. Fibonacci numbers and Fermat's last theorem. Acta Arith., 1992, 60: 371–388.

[41] 孙智伟. 关于递归函数的若干结果. 南京大学学报–数学半年刊, 1987, 4: 196–206.

[42] 孙智伟. 有关Hilbert第十问题的进一步结果. 南京: 南京大学博士学位论文, 1992.

[43] SUN Z W. Reduction of unknowns in Diophantine representations. Sci. China Math., 1992, 35: 257–269.

[44] SUN Z W. A new relation-combining theorem and its application. Z. Math. Logik Grundlag. Math. 1992, 38: 209–212.

[45] SUN Z W. A congruence for primes. Proc. Amer. Math. Soc., 1995, 123: 1341–1346.

[46] SUN Z W. On the sum $\sum_{k\equiv r \ (\mathrm{mod} \ m)} \binom{n}{k}$ and related congruences. Israel J. Math., 2002, 128: 135–156.

[47] SUN Z W. Fibonacci numbers modulo cubes of primes. Taiwanese J. Math., 2013, 17: 1523–1543.

[48] 孙智伟. 基础数论入门. 哈尔滨: 哈尔滨工业大学出版社, 2014.

[49] SUN Z W. Refining Lagrange's four-square theorem. J. Number Theory, 2017, 175: 167–190.

[50] SUN Z W. Restricted sums of four squares. Int. J. Number Theory, 2019, 15(9): 1863–1893.

[51] 孙智伟. 数论与组合中的新猜想. 哈尔滨: 哈尔滨工业大学出版社, 2021.

[52] SUN Z W. Further results on Hilbert's Tenth Problem. Sci. China Math., 2021, 64: 281–306.

[53] SUN Z W. Mixed quantifier prefixes over Diophantine equations with integer variables. Preprint, arXiv:2103.08302, 2021.

[54] SUN Z W, TAURASO R. New congruences for central binomial coefficients. Adv. in Appl. Math., 2010, 45: 125–148.

[55] TUNG S P. On weak number theories. Japan. J. Math. (N.S.), 1985, 11: 203–232

[56] WALL D D. Fibonacci series modulo m. Amer. Math. Monthly, 1960, 67: 525–532.

[57] WANG H, SUN Z W. Evaluations of some Toeplitz-type determinants. Preprint, arXiv:2206.12317, 2022.

[58] WILES A. Modular elliptic curves and Fermat's last theorem. Ann. of Math., 1995, 141(3): 443–551.

[59] XU C, ZHAO J. A note on Sun's conjectures on Apéry-like sums involving Lucas sequences and harmonic numbers. Preprint, arXiv:2204.08277, 2022.

[60] ZHANG G R, SUN Z W. $\mathbb{Q} \setminus \mathbb{Z}$ is diophantine over $\mathbb{Q}$ with 32 unknowns. Pol. Acad. Sci. Math., 2022, 70(2): 93–106.

[61] 张鸣华. 可计算性理论. 北京: 清华大学出版社, 1984.